影视后期制作项目化教程

主　编　于同亚　尹　蕾　李婷婷

副主编　程　莹　黄炜亮

参　编　杨鹏飞　丁　燕　金　玉

　　　　刘　芳　王军歌

北京理工大学出版社
BEIJING INSTITUTE OF TECHNOLOGY PRESS

内容简介

本课程设计以相关职业活动的"典型工作过程"为依据，根据岗位技能重构教学内容。将全部教学内容划分为基础、综合、实战三个教学阶段。按照典型影视节目制作的工作流程，基于典型的工作任务，确定学习情境，选取教学项目，把电视节目片头、宣传片制作这类工作中最常见的任务，作为教学项目引入课堂。三个教学阶段共设计了九个实操项目，紧贴工作岗位技能需求，由浅入深，由单一到综合，逐步训练学生的各项实操技能和技巧，让学生能够在学习中获得真实的工作体验，实现零距离对接就业。

本书既可以作为计算机网络技术、数字媒体、室内设计、艺术设计等专业的教学用书，也可以作为广大影视制作爱好者的自学参考用书。

图书在版编目（CIP）数据

影视后期制作项目化教程 / 于同亚 , 尹蕾 , 李婷婷
主编 . -- 北京 : 北京理工大学出版社 , 2021.10
　　ISBN 978-7-5763-0136-6

Ⅰ . ①影… Ⅱ . ①于… ②尹… ③李… Ⅲ . ①视频编辑软件 – 教材 Ⅳ . ① TN94

　　中国版本图书馆 CIP 数据核字 (2021) 第 158973 号

出版发行／北京理工大学出版社有限责任公司
社　　址／北京市海淀区中关村南大街 5 号
邮　　编／100081
电　　话／（010）68914775（总编室）
　　　　　（010）82562903（教材售后服务热线）
　　　　　（010）68944723（其他图书服务热线）
网　　址／http://www.bitpress.com.cn
经　　销／全国各地新华书店
印　　刷／三河市天利华印刷装订有限公司
开　　本／787 毫米 × 1092 毫米　1/16
印　　张／17.25　　　　　　　　　　　　　责任编辑／钟　博
字　　数／380 千字　　　　　　　　　　　　文案编辑／钟　博
版　　次／2021 年 10 月第 1 版　2021 年 10 月第 1 次印刷　　责任校对／周瑞红
定　　价／84.00 元　　　　　　　　　　　　责任印制／施胜娟

前言

　　"影视后期制作"课程是动漫设计与制作、影视艺术传媒等相关专业必修的专业核心课程，主要介绍广告宣传、影视节目制作的主要技术手段。通过学习该课程，学生可策划、制作广告片、企业宣传片、专题片、娱乐短片等视频作品；能使用摄影摄像器材，完成素材采集；能熟练使用编辑软件完成视频作品的编辑制作。该课程内容涉及策划师、摄像师、编辑师等多个工作岗位的知识与技能，对整个专业知识的学习和岗位能力的提高起着重要的促进作用。

　　本书以相关职业活动的"典型工作过程"为依据，通过企业调研，明确岗位技能，重构教学内容，将内容分成基础、综合、实战3个阶段，选择典型任务，确定学习情境。本书内容来自企业的职业岗位需求、实训项目和课堂活动，紧紧围绕职业能力目标的实现。本书通过实训项目的实施，培养学生团队的协作精神和自主学习能力，为将来适应工作岗位打下坚实的基础。

　　本书致力于让学生掌握视频作品制作的基本理论知识和岗位综合技能，掌握各类视频作品的制作流程。学生毕业后可在影视制作公司、广告公司、电视台、婚纱摄像公司或企事业单位的宣传部门从事策划师、摄像师、编辑师等岗位的工作，有条件的话也可以自己创业，创办与影视相关的设计制作公司。

　　本书按照典型影视节目制作的工作流程，分为9个项目，紧紧围绕典型工作过程，把电视节目片头、宣传片制作作为课堂教学项目引入课堂，加强岗位综合技能和技巧的训练，使学生能够获得实际工作经验，熟练操作，举一反三，实现零距离对接就业。

　　本书参考学时数为68学时，采用理实一体化教学，在教学过程中可以根据具体情况删减部分内容，如果条件允许可以额外增加30学时的综合实训。

编　者

目录

第二阶段 综合篇

第三阶段 实战篇

第一阶段　基础篇

　　本阶段通过课堂讲授、单元训练、网络资源和课余自学等方法，采用"项目导向法"，使读者能够根据单项项目的制作要求和教师提供的素材，结合影视作品制作的常用理论知识，在规定的时间内熟练应用编辑软件完成影视作品的制作。

项目一

小区外景——入门知识

项目描述

　　本项目制作小区外景短片，使读者能够掌握在 Premiere Pro CC 2017 中创建和打开项目的基本操作，并了解使用 Premiere Pro CC 2017 制作影视作品的大致流程。小区外景短片效果如图 1-1 所示。

图 1-1　小区外景短片效果

项目目标

（1）掌握数字视频基础知识；

（2）掌握视频编辑软件常用窗口的功能；

（3）掌握 Premiere Pro CC 2017 的基本操作；

（4）掌握视频编辑相关的理论知识和专业术语；

（5）掌握使用 Premiere Pro CC 2017 处理视频的基本流程。

　　随着影视传媒产业的空前发展，数字影视制作技术近年来在电影、电视领域受到广泛关注，数字影视制作已成为当今全球最具发展潜力的朝阳产业之一。本书向读者介绍如何使用 Premiere Pro CC 2017 进行影视作品的制作，通过生动形象的项目案例，对数字视频制作技术进行深入浅出的系统讲解。

　　本项目首先介绍数字视频制作的基础知识，如果读者此前没有任何视频制作经验，请先仔细学习本项目；如果读者对相关内容比较熟悉，可以跳过本项目，直接进入下一项目。

- 数字视频基础知识；
- Premiere Pro CC 2017 各面板的用途；
- Premiere Pro CC 2017 的基本操作。

1.1　数字视频基础知识

1. 帧和帧速率

　　视频是由一系列静态影像组成的，每个单幅影像画面称为一帧。因为人眼具有视觉暂留现象，所以连续的图片会产生动态画面效果。

　　帧速率是描述视频信号的一个重要概念，是指每秒刷新图片的帧数，也可以理解为图形处理器每秒的刷新次数。对于 PAL 制式电视系统，帧速率为 25 帧 / 秒，对于 NTSC 制式电视系统，帧速率为 29.97 帧 / 秒（一般简化为 30 帧 / 秒）。

2. 分辨率

　　分辨率（resolution）是一个表示平面图像精细程度的概念，通常它是以横向和纵向点的数量来衡量的，以水平点数 × 垂直点数的形式表示。分辨率越高，意味着可使用的点数越多，屏幕上显示的图像也就越精细。分辨率有多种，在显示器上有表示显示精度的显示分辨率，在打印机上有表示打印精度的打印分辨率，在扫描仪上有表示扫描精度的扫描分辨率。

　　1）显示分辨率

　　显示分辨率是显示器在显示图像时的分辨率，分辨率是用点来衡量的，显示器上的点就是像素（pixel）。

　　2）打印分辨率

　　打印分辨率直接关系到打印机输出图像或文字的质量。打印分辨率用 dpi（dot per inch）表示，指每英寸[①]打印多少个点。喷墨打印机和激光打印机的水平分辨率和垂直分辨率通常

---

① 　1 英寸 =0.025 4 厘米。

是相同的。

3）扫描分辨率

决定扫描仪性能的主要因素有 3 个：扫描分辨率、最大扫描页面和颜色位数。扫描分辨率是一种输入分辨率，而显示分辨率和打印分辨率都属于输出分辨率。

3. 电视制式

电视信号的标准也称为电视的制式。目前各国的电视制式不尽相同，制式的区分主要在于其场频的不同、分辨率的不同、信号带宽及载频的不同、色彩空间转换关系的不同等。彩色电视机的制式一般有 3 种，即 NTSC 制式、PAL 制式和 SECAM 制式。NTSC 是 National Television System Committee 的缩写，其标准主要应用于日本、美国、加拿大和墨西哥等国；PAL 是 Phase Alternating Line 的缩写，其标准主要应用于中国、中东地区和欧洲一带；SECAM 是法文 Sequentiel Couleur Avec Memoire 的缩写，使用 SECAM 制式的国家主要集中在法国和东欧一带。

4. 逐行扫描和隔行扫描

逐行扫描指的是显示器对显示图像进行扫描时，从屏幕左上角的第一行开始从左往右、自上而下进行一次性扫描，因此图像画面闪烁少，显示效果好。目前显示器大多采用逐行扫描方式，该方式提高了画面的清晰度，消除了闪烁感，画面非常细腻、清晰。

隔行扫描就是每一帧画面被分割为上、下两场，上场包含了一帧中所有的奇数扫描行，下场包含了一帧中所有的偶数扫描行，两场合成一帧。如果前 1/50 s 扫描的是奇数行，那就是上场优先，反之就是下场优先。

5. 线性编辑与非线性编辑

1）线性编辑及其缺点

线性编辑即磁带编辑，用录像机将视频信号记录在磁带上以后，素材顺序不能随意修改，在编辑时也必须顺序寻找所需要的视频画面，从磁带中重放视频数据来编辑，不能跳跃进行，因此素材的选择费时、低效，对节目的修改非常不方便。

2）非线性编辑及其特点

非线性编辑是相对于传统的以时间顺序进行的线性编辑而言的。非线性编辑借助计算机进行数字化制作，几乎所有的工作都在计算机里完成。非线性编辑在多次编辑过程中，信号质量始终不会变低，对素材的调用也是瞬间实现，不用反复在磁带上寻找，突破了单一的时间顺序编辑限制，可以按各种顺序排列，具有快捷、简便、随机的特性，节省了设备和人力，提高了效率。

3）非线性编辑常用素材类型

在非线性编辑系统中，所有素材都以文件的形式存储在记录介质（硬盘、光盘等）中，素材文件可分为静态图像、音频、视频、字幕和图形等几大类。

6. 常用图像文件格式

1）GIF 格式

GIF 格式是一种图形交换格式，它形成一种压缩的 8 位图像文件。它可以指定透明的区域，从而使图像与合成背景很好地融为一体。此格式文件小，目前多用于网络传输。

2）BMP 格式

BMP 是英文 Bitmap 的缩写，它是 Windows 操作系统中的标准图像文件格式，能够被多种 Windows 应用程序支持，Windows 操作系统内部各图像绘制操作都是以 BMP 格式为基础的。

3）JPG 格式

JPG 是 JPEG 的缩写，JPG 格式不仅是一种工业标准格式，而且是 Web 的标准文件格式。

4）PSD 格式

PSD 是 Photoshop Document 的缩写，是 Adobe 公司的图像处理软件 Photoshop 的专用格式。这种格式可以存储 Photoshop 中所有的图层、通道、参考线、注解和颜色模式等信息。

5）PIC 格式

PIC 是 PICT 的缩写，是用于 Macintosh Quick Draw 图片的格式，全称为 Quick Draw Picture Format。Premiere 支持 PIC 格式是因为它原本是在苹果机上运行的，移植到 PC 后，仍然兼容过去大量的素材。

6）PCX 格式

PCX 格式属于无损压缩格式，是开发图像处理软件 Paintbrush 时开发的一种格式，是基于 PC 绘图程序的专用格式，一般的桌面排版、图形艺术和视频捕获软件都支持这种格式。

7）FLM 格式

FLM 格式是 Premiere 中一种将视频分帧输出时的图像文件格式。

8）FLC 格式

FLC 格式是 Autodesk 公司的动画文件格式，使用过 3ds Max 的读者对它一定不陌生。FLC 格式从早期的 FLI 格式演变而来，是一个 8 位动画文件，其尺寸可任意设定。

9）WMF 格式

WMF 是 Windows Metafile Format 的缩写，是 Windows 操作系统中常见的一种图元文件格式，属于矢量文件格式。

10）TIF 格式

TIF 格式最早是为了存储扫描仪图像而设计的。它最大的特点就是与计算机的结构、操作系统及图形硬件系统无关。它可处理黑白、灰度、彩色图像。

11）TGA 格式

TGA 格式已广泛地被国际上的图形、图像制作工业所接受，它最早由 AT&T 公司引入，用于支持 Targa 和 Atvista 图像捕获板，现已成为数字化图像及光线跟踪和其他应用程序所产生高质量图像的常用格式。

7. 常见的音频格式

在模拟信号转换成数字信号时，通过不同的压缩算法，会产生多种多样的音频格式。下面对常见的音频格式进行详细的介绍。

1）CD 格式

CD 格式是音质较好的音频格式。标准 CD 格式采用 44.1 kHz 的采样频率，速率为 88 kbit/s，具有 16 位量化位数，因为 CD 音轨可以说是近似无损，因此它的声音基本上属于原声，CD 光盘可以在 CD 播放机中播放，也能用计算机里的各种播放软件播放。

2）WAV 格式

WAV 格式是微软公司开发的一种声音文件格式，也叫作波形声音文件格式，是最早的数字音频格式。

3）AIFF 格式

AIFF 格式是苹果机上使用的标准音频格式，属于 Quick Time 技术的一部分。

4）AU 格式

AU 格式是 UNIX 下的一种常用的音频格式，起源于 Sun 公司的 Solaris 系统。这种格式本身也支持多种压缩方式，但其文件结构的灵活性不如 AIFF 和 WAV 格式。

5）MP3 格式

MP3 格式指的是 MPEG 标准中的音频部分。几乎所有播放软件都支持它。

6）MIDI 格式

MIDI 是 Musical Instrument Digital Interface 的缩写，MIDI 文件并不是一段录制好的声音，而是一段记录音符、控制参数等的指令，它将所要演奏的乐曲信息用字节进行描述。

7）WMA 格式

WMA 是 Windows Media Audio 的缩写，是微软公司推出的与 MP3 格式齐名的一种新的音频格式。

8）RA 格式

RA 是 Real Audio 的缩写，是 Progressive Networks 公司所开发的一种新型流式音频文件格式，主要适用于网络上的在线音乐欣赏。

9）OGG 格式

OGG 是 OGG Vorbis 的简写，是一种新的音频压缩格式，可以在相对较低的数据速率下实现比 MP3 更好的音质。

10）AAC 格式

AAC 是 Advanced Audio Coding 的缩写，是 Fraunhofer IIS 杜比实验室、AT&T、索尼等公司于 1997 年共同开发的一种音频格式，是 MPEG-2 规范的一部分。

11）APE 格式

APE 是一种无损压缩的音频技术，从音频 CD 上读取的音频数据文件压缩成 APE 格式后，再将 APE 格式的文件还原，而还原后的音频文件与压缩前一模一样，没有任何损失。

12）FLAC 格式

FLAC 是 Free Lossless Audio Codec 的缩写，是一种无损音频压缩编码格式。

13）TAK 格式

TAK 是 Tom's Audio Kompressor 的缩写，是一种新型的无损音频压缩格式，产于德国。

14）TTA 格式

TTA 是一种免费又简单的实时无损音频编解码器，采用基于自适应预测过滤的无损音频压缩，与其他格式相比，有相同或更好的压缩效果。

15）WV 格式

WV 是 Working Voltage（即 WavPack）的缩写，它不仅是一种无损压缩格式，还能作为有损压缩格式。

8. 常见的视频格式

1）AVI 格式

AVI 是 Audio Video Interleaved 的缩写，直译为音频视频交错，是一种被多媒体和 Windows 应用程序广泛支持的视音频格式。

2）TGA 序列格式

TGA 序列（Targa Sequence）是 Truevision 公司开发的位图文件格式，已成为数字化图像及运用光线跟踪算法所产生的高质量图像的常用格式。

3）MPEG 格式

MPEG 是 Moving Picture Experts Group 的缩写，即动态图像专家组，于 1988 年成立，专门致力于运动图像（MPEG 视频）及其伴音编码（MPEG 音频）标准化工作。

4）MOV 格式

MOV 文件格式也叫 Quick Time 格式，是苹果（Apple）公司推出的一种视频文件格式，以前只能在苹果公司的 Mac OS 操作系统中使用，现在它被包括 Apple Mac OS、Microsoft Windows 95/98/NT 在内的所有主流计算机平台支持，可用 Quick Time 播放器播放。

5）RM 格式

RM 是 Real Networks 公司开发的一种新型流式视频文件格式，此格式的文件尺寸小，适合网络发布，因此得到迅速推广。

6）WMV 格式

WMV 是微软公司推出的一种流媒体格式，是一种独立于编码方式的在 Internet 上实时传播的多媒体技术标准。

7）nAVI 格式

nAVI 是 new AVI 的缩写，它是由 ASF 压缩算法修改而来的，是一种去掉视频流特性的改良型 ASF 格式。

8）FLC/FLI 格式

FLC/FLI 文件格式是 Autodesk 公司在其出品的 3D Studio R4、3D Studio MAX、Autodesk Animator、Animator Pro 等 2D/3D 动画制作软件中采用的彩色动画文件格式，属于 8 位动画

文件，尺寸较小。

9）3GP 格式

3GP 是一种 3G 流媒体的视频编码格式，主要为了配合 3G 网络的高传输速度而开发，也是目前手机中最为常见的一种视频格式。

10）FLV 格式

FLV 是 Flash Video 的缩写，由于它形成的文件极小、加载速度极快，有效地解决了视频文件导入 Flash 后使导出的 SWF 文件体积庞大，不能在网络上很好地使用的缺点，已经成为当前视频文件的主流格式。

9. 影视频作品的制作流程

影视频作品制作的全过程分为"前期制作"与"后期制作"。前期制作包括构思创意、撰写文稿、拍摄录制；后期制作包括采集和加工素材、编辑制作、合成输出。

1）前期制作

第一阶段：构思创意。确立作品主题，搜集相关资料，制定文稿的提纲。

第二阶段：撰写文稿。根据提纲撰写文字稿本，写出分镜头脚本方案。

第三阶段：拍摄录制。各部门主要负责人讨论并确认拍摄计划，保证参与拍摄的人员、设备、场地等有条不紊地高效运转。

2）后期制作

第四阶段：采集和加工素材。将各种模拟音、视频信号转换成数字信号存储到计算机中，成为可以处理的素材，确认编辑方式。

第五阶段：编辑制作。根据分镜头要求剪辑所需素材，遵循镜头的组接规则，依据分镜头脚本要求进行编辑，并添加转场、特技、字幕、音效等。

第六阶段：合成输出。画面编辑完成后，负责人审看完成片，满意后可根据需要渲染输出。可以输出回录到录像带上，也可以生成视频文件发布到网上，或者刻录 VCD 或 DVD 光盘等。

1.2　Premiere Pro CC 2017 各面板的用途

Premiere Pro CC 2017 操作界面如图 1-2 所示。

1. "项目"面板

"项目"面板主要用于输入、组织和存放供"时间线"面板编辑合成的原始素材，如图 1-3 所示。

2. "时间线"面板

"时间线"面板是 Premiere Pro CC 2017 的核心部分，在编辑影片的过程中，大部分工作都是在"时间线"面板中完成的。通过"时间线"面板，可以轻松地实现对素材的剪辑、插入、复制、粘贴和修整等操作，如图 1-4 所示。

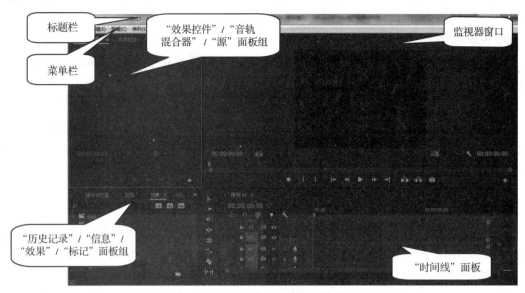

图 1-2　Premiere Pro CC 2017 操作界面

图 1-3　"项目"面板

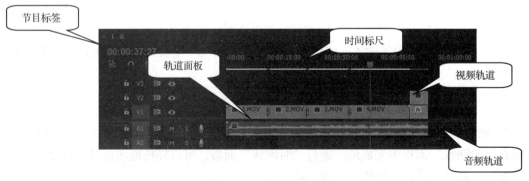

图 1-4　"时间线"面板

3. 监视器窗口

监视器窗口分为"源素材"面板和"节目"面板，所有编辑或未编辑的影片段都在此显示效果，如图 1-5 所示。

（a） （b）

图 1-5 监视器窗口
（a）"源素材"面板；（b）"节目"面板

4. 其他功能面板

除了以上介绍的面板外，Premiere Pro CC 2017 中还提供了其他一些方便编辑操作的功能面板：

（1）"特效"面板；
（2）"特效控制"面板；
（3）"调音台"面板；
（4）"历史"面板；
（5）"信息"面板；
（6）"工具"面板。

1.3 Premiere Pro CC 2017 的基本操作

1. 菜单令介绍

（1）"文件"菜单；
（2）"编辑"菜单；
（3）"剪辑"菜单；
（4）"序列"菜单；

（5）"标记"菜单；

（6）"字幕"菜单；

（7）"窗口"菜单；

（8）"帮助"菜单。

2. 基本操作

项目文件操作：新建、打开、保存、关闭。

（1）撤销与恢复操作；

（2）设置自动保存；

（3）设置交换区：暂存盘设置，即设置临时文件存放位置；

（4）导入素材；

（5）改变素材名称、调整图片素材大小；

（6）利用素材库组织素材；

（7）查找素材；

（8）选择素材：当源文件改名或位置发生了变化就需要重新选择素材。

【知识拓展】

（1）Premiere Pro CC 2017 的安装。

（2）Premiere Pro CC 2017 的应用：电视节目片头、电子相册、婚庆片、日常生活片、广告宣传片、多媒体教学片等。

（3）Premiere Pro CC 2017 支持的文件格式：多种文件格式，如 BMP、JPG、MP3、MOV、TGA、TIF、WAV 等，也支持第三方插件。

（4）Premiere Pro CC 2017 的工作流程：素材采集与导入→素材编辑→特效处理→字幕制作→作品输出。

【项目实现】

操作步骤：

（1）启动 Premiere Pro CC 2017 后进入其欢迎界面，单击"新建项目"按钮或者在 Premiere Pro CC 2017 的操作界面中选择"文件"→"新建"→"项目"选项，打开"新建项目"对话框，在"名称"编辑框中输入项目名称，在"位置"编辑框中设置项目的保存位置，其他参数保持默认。

①视频渲染与回放：用于选择视频渲染器。

②视频和音频：在这两个选项组中，"显示格式"选项用来设置素材文件在项目内的标尺单位。

③捕捉格式：需要从摄像机等设备内采集素材时，可通过该选项设置采集格式。

（2）单击"新建项目"对话框中的"确定"按钮后，直接进入 Premiere Pro CC 2017 的工作界面，如图 1-6 所示。

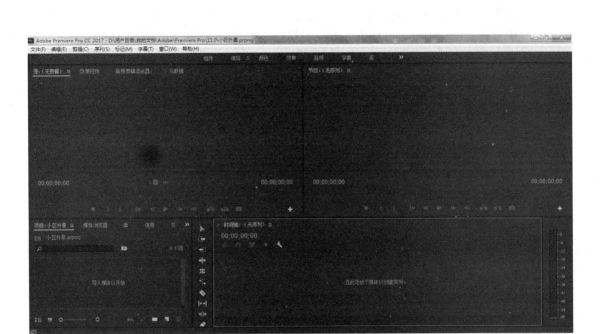

图 1-6 Premiere Pro CC 2017 的工作界面

（3）在菜单栏中选择"文件"→"新建"→"序列"选项，会打开"新建序列"对话框，可在该对话框的"序列预置"选项卡中选择系统预设的视频标准，这里选择"DV-PAL"文件夹下的"宽屏 48 kHz"选项，此时在对话框右侧会显示所选择的预置视频标准的相关信息，如图 1-7 所示。

图 1-7 选择系统预设的视频标准

（4）如果对预置的序列设置不满意，则可将"新建序列"对话框切换到"设置"选项卡，在其中进行自定义设置。可根据原素材的属性和视频的应用进行设置，这里保持默认不变，如图1-8所示。

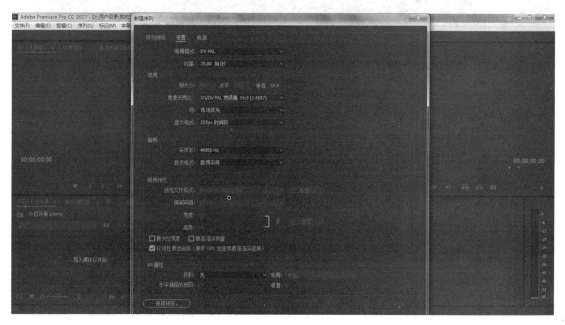

图1-8 "设置"选项卡

（5）单击"新建序列"对话框中的"轨道"选项卡，可设置"时间线"面板中视频轨道的数量，以及各类型音频轨道的数量和主音轨的类型，这里保持默认参数不变，如图1-9所示。

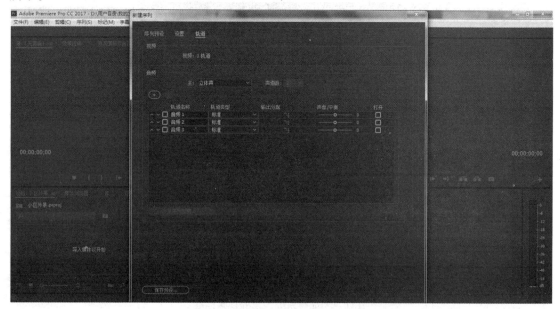

图1-9 "轨道"选项卡

（6）在"新建序列"对话框下方的"序列名称"编辑框中输入序列名称或保持默认设置，单击"确定"按钮即可创建一个项目文件和序列，并且在"时间线"面板中自动打开创建的序列，如图 1-10 所示。

图 1-10 在"时间线"面板中自动打开创建的序列

（7）创建或打开项目文件后，便可以将准备好的素材导入 Premiere Pro CC 2017，并进行需要的编辑操作。

（8）在 Premiere Pro CC 2017 工作界面中选择"文件"→"导入"命令，或按组合键"Ctrl+I"，在打开的"导入"对话框中选择本书配套素材"1.mov""2.mov""3.mov""4.mov""背景图片 .jpg"和"音效 .mp3"，单击"打开"按钮，即可将这些素材导入"项目"面板中，如图 1-11 所示。

图 1-11 导入素材文件

（9）在"项目"面板中的"1.mov"文件图标上按鼠标左键不放，将其拖到时间轴上，将自动创建一个序列 1，将其放在轨道的最左侧，然后释放鼠标左键。使用相同的操作，将"2. mov""3.mov""4.mov""背景图片 .jpg"和"音效 .mp3"素材文件按照先后顺序拖到"时间线"面板的 V1 轨道中，紧挨左侧的素材片段放置。拖拽时间轴底部的滑块可以放大或缩小时间线的显示比例，如图 1-12 所示。

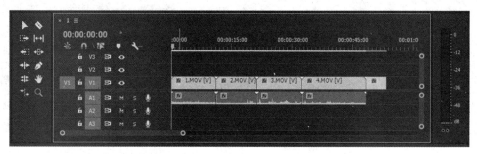

图 1-12　将素材拖入"时间线"面板形成序列 1

（10）在"时间线"面板的"A1"轨道中会自动添加素材中自带的音频，需要把它删除，在"V1"轨道中用鼠标右键单击"1.mov"视频片段，在弹出的快捷菜单选择"取消链接"命令，选择"工具"面板中的"选择工具"选项，单击"时间线"面板空白处，再单击音频片段将其选中，按 Delete 键将其删除，如图 1-13 所示。

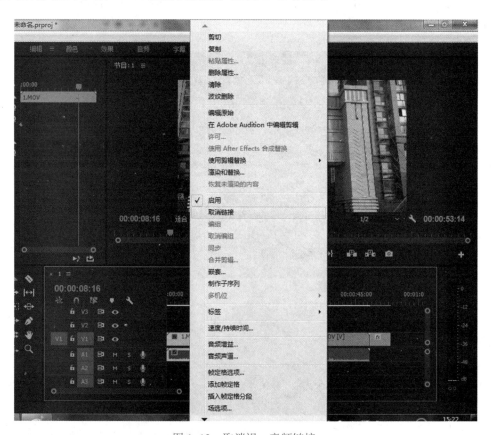

图 1-13　取消视、音频链接

（11）同理，将音频轨道中的"2.mov""3.mov""4.mov"音频片段删除，再将"项目"面板中的"背景音乐 .mp3"素材拖到 A1 轨道中，紧挨着左侧的素材片段放置，如图 1-14 所示：

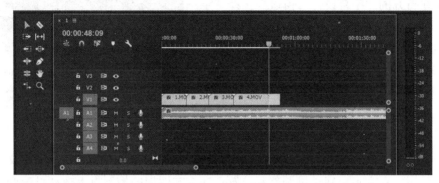

图 1-14　删除和添加音频

（12）利用铲刀工具从背景音乐的最后铲到背景图片位置，"V1"和"A1"轨道长度保持一致，如图 1-15 所示。

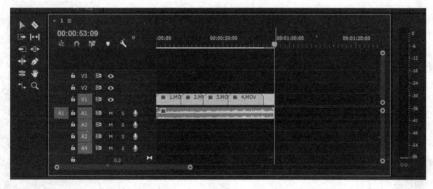

图 1-15　剪切多余的音频

（13）单击工作界面左下方面板组中的"效果"标签，然后将"效果"面板中的"视频过渡"→"3D 运动"→"立方体旋转"切换效果拖到"时间线"面板的"A1"轨道中"1.mov"与"2.mov"视频素材片段相交的位置。同理，在"2.mov"与"3.mov"视频素材片段相交位置添加"圆划像"视频过渡效果，在"3.mov"与"4.mov"视频素材片段相交位置添加"中心拆分"视频过渡效果，如图 1-16 所示。

图 1-16　在视频素材之间添加视频切换效果

（14）选择"字幕"→"新建字幕"→"默认静态字幕"选项，在打开的"新建字幕"对话框中修改名称为"片尾字幕"，单击"确定"按钮。

（15）在打开的"字幕设计"窗口中选择"字幕工具"面板中的矩形条，画一个白色矩形，将透明度降低，在矩形上面通过"文字工具"输入"苍梧新华苑欢迎你的光临""楼盘地址：连云港花果山大道"文本，并改变大小，如图 1-17 和图 1-18 所示。

图 1-17 "新建字幕"窗口

（16）其中文字的字幕样式选择"Arial Black yellow orange gradient"，文本大小分别为 100 和 60，再使用"选择工具"调整文本的位置（选择该工具后，在文本上拖动可调整其位置；在文本四周的控制点上拖动可改变其大小），此时部分文字可能会显示乱码，再次将字体设为"微软雅黑"，直接关闭字幕窗口，则片尾字幕自动保存于项目窗口中。

图 1-18 为文本添加字幕样式

（17）选择"文件"→"导出"→"媒体"选项，或按组合"Ctrl+M"，打开"导出设置"对话框，在该对话框中将"格式"设为"H.264"，单击名称，在打开的"另存为"对话框中设置导出文件的路径和名称，如图 1-19 所示。

（18）单击"导出"按钮，系统会弹出一个"编码"提示框，等待一段时间后即可根据设置将作品输出。

图 1-19 导出影片

【课后习题】

1. 简述 Premiere Pro CC 2017 的界面组成及各面板的功能。
2. 简述 Premiere Pro CC 2017 的工作流程。
3. 简述电视制式、帧和帧速率的定义。

【巩固项目——大美新疆风景欣赏】

根据所给图片素材和音频素材，完成"大美新疆风景欣赏"项目，效果如图 1-20 所示。

图 1-20 "大美新疆风景欣赏"项目效果

具体操作步骤如下：

（1）在"项目"面板中双击空白区域或者按组合键"Ctrl+I"，打开导入窗口，将新疆美图和音频文件导入"项目"面板，如图 1-21 所示。

图 1-21　导入素材

（2）按住 Ctrl 键的同时选择"项目"面板中的"01.jpg"~"10.jpg"，将其一并拖放到"时间线"面板，自动创建序列 01。10 张美景图片依次由左往右摆放在时间线"V1"轨道的左侧位置，如图 1-22 所示。

图 1-22　拖放素材至"时间线"面板

（3）用鼠标右键单击第一张图片，选择"缩放为帧大小"命令，调整图片的大小为满屏显示，依此类推，将后面的 9 张图片均缩放为帧大小，以方便调整大小，如图 1-23 所示。

（4）在 10 张图片之间插入任意的视频过渡效果，如图 1-24 所示。

（5）在"项目"面板的右下角选择"新建项"命令，选择序列，则新建一个序列 02，如图 1-25 所示。

（6）在"项目"面板的右下角选择"颜色遮罩"选项，设置深蓝色纯色背景，如图 1-26 所示。创建完颜色遮罩后，蓝色纯色背景将自动保存至"项目"面板，将其拖入刚创建的序列 02 中的"V1"轨道上，节目监视器由黑色变成蓝色。将素材"电视镂空 .png"图片拖拽至序列 02 中的"V2"轨道上，如图 1-27 所示。

（7）将"项目"面板中的序列 01 拖拽至"时间线"面板中的"V3"轨道上，调整"V1"和"V2"轨道的时间和序列 01 的时间一致，如图 1-28 所示。

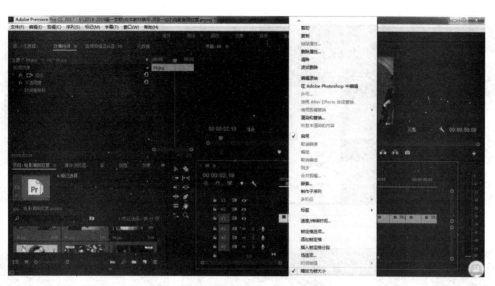

图 1-23 将图片缩放为帧大小

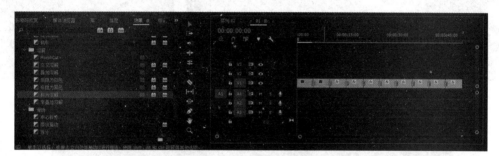

图 1-24 插入视频过渡效果

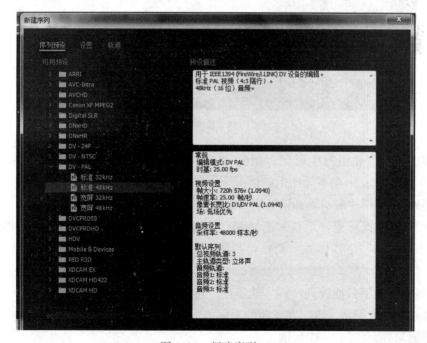

图 1-25 新建序列 02

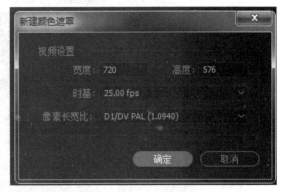

图 1-26　创建颜色遮罩

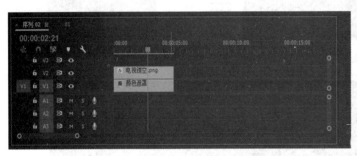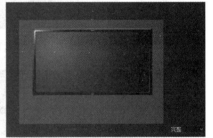

图 1-27　摆放图层位置

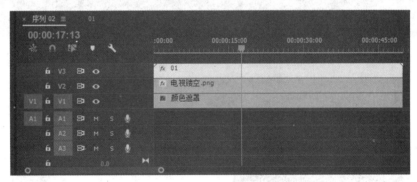

图 1-28　调整时间

（8）单击"V3"轨道的序列 01，则会在"效果控件"面板中出现视频效果，取消勾选"等比缩放"复选框，则在不等比例的情况下，将"电视镂空 .png"图片进行变形，调整好大小，将序列 01 的图片展示动画正好放入电视框中，如图 1-29 所示。

（9）在字幕位置新建"默认静态字幕"，输入"大美新疆风景欣赏"主题文字，选择"Arial Block gold"字幕样式，调整"字体大小"属性和"字符间距"属性，如图 1-30 所示。

（10）将创建的字幕拖拽到"V4"轨道中。将背景音乐拖拽到"A1"轨道中，截取其中的一段，和视频长度保持一致，在音频的末尾添加音频过渡效果中的"恒定增益"效果，使音频逐渐减弱消失，如图 1-31 所示。

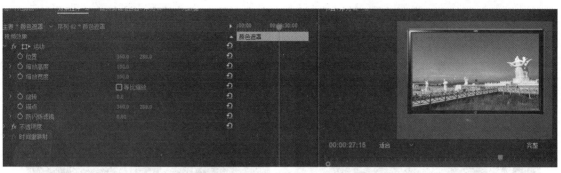

图 1-29 将图片展示动画放入电视框

图 1-30 添加字幕并设置属性

图 1-31 添加音频过渡效果

（12）选择"文件"→"导出"→"媒体"选项，导出影片为"大美新疆风景欣赏 .mp4"。

【拓展项目——希望工程宣传片的制作】

根据所提供的图片素材和音频素材，以"希望工程传递爱心"为主题，制作希望工程宣传片。场景以图片和字幕结合，设计新颖版式，突出主题，感动他人，让每个人都能够奉献自己的一份爱心。效果如图 1-32 所示。

图 1-32　希望工程宣传片效果

项目二

梦幻四季——基础编辑

项目描述

本项目制作一个梦幻四季宣传片，要求读者熟练操作整个宣传片的制作流程，版式设计合理，并应用片头倒计时。部分效果如图 2-1 所示。

图 2-1　梦幻四季宣传片部分效果

项目目标

（1）掌握影视作品的制作流程；

（2）了解影视作品制作的人员分工；

（3）掌握 Premiere Pro CC 2017 工具栏中各种工具的使用方法；

（4）掌握三点和四点编辑方法；

（5）按照制作流程编辑制作一个影视作品；

（6）对版式设计进行构思创意；

（7）初步体会一个视频编辑者的快乐，增加学习兴趣。

知识链接

视频素材拍摄、采集完成后，在计算机上用视频编辑软件按要求进行编辑制作，形成完整的影视作品。在编辑过程中，三点编辑和四点编辑是最为常见的编辑方法。三点编辑常用于在素材源窗口中处理源素材，四点编辑比三点编辑复杂一些，使用频率低于三点编辑。在视频编辑过程中，应该熟练掌握三点编辑、四点编辑，以及在素材源窗口、时间线窗口中剪辑素材的方法，同时必须掌握基本的镜头组接规律，使编辑的视频流畅、和谐、更具艺术性。

在影视作品的制作过程中，有时采用多机拍摄，Premiere Pro CC 2017 提供了多机位编辑方法。本项目以梦幻四季宣传片的编辑制作为例，对 Premiere Pro CC 2017 的工作界面、导入和管理素材的方法、基本的编辑技巧和镜头组接规律进行全面讲解，通过任务的实施，使读者能够正确运用 Premiere Pro CC 2017 的编辑功能制作影视作品。

- 剪裁素材；
- 位置和比例设置；
- 视频转场效果设定；
- 使用 Premiere Pro CC 2017 创建新元素；
- 高级编辑。

2.1 剪裁素材

可以分别在"素材""节目""时间线""修整"面板进行设置（入点、出点），如图 2-2 所示。

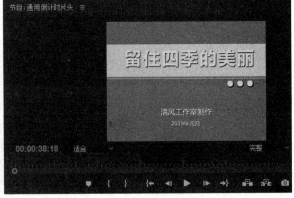

图 2-2　剪裁素材

2.2 位置和比例设置

将时间指示器放置在特定位置，选中特定对象，在"特效控制"面板展开"运动"选项进行设置，如图 2-3 所示。

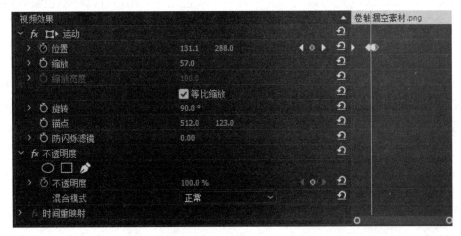

图 2-3 "运动"选项设置

2.3 视频转场效果设定

在"效果"面板，展开"视频过渡"选项进行设置，如图 2-4 所示。

2.4 使用 Premiere Pro CC 2017 创建新元素

1. 通用倒计时片头

通用倒计时通常用于影片开始前的倒计时准备。Premiere Pro CC 2017 为用户提供了现在的通用倒计时，用户可以非常简便地创建一个标准的倒计时素材，并可以随时对其进行修改。

2. 彩条和黑场视频

（1）彩条：Premiere Pro CC 2017 可以为影片在开始前加入一段彩条。在"项目"面板下方单击"新建分类"按钮，在弹出的列表中选择"彩条"

图 2-4 "视频过渡"选项设置

选项，即可创建彩条。

（2）黑场视频：Premiere Pro CC 2017 可以在影片中创建一段黑场。在"项目"面板下方单击"新建分类"按钮，在弹出的列表中选择"黑场视频"选项，即可创建黑场视频。

3. 颜色遮罩

Premiere Pro CC 2017 还可以为影片创建一个颜色遮罩。用户可以将颜色蒙版当作背景，也可利用"透明度"命令设定与它相关的色彩的透明性。

4. 透明视频

在 Premiere Pro CC 2017 中，用户可以创建一个透明的视频层，它能够被用于应用特效（不是转场效果）到一系列的影片剪辑中而无须重复地复制和粘贴属性。只要应用一个特效到其透明视频轨道上，特效结果将自动出现在下面所有视频轨道中。

2.5 高级编辑

1. 切割素材

在 Premiere Pro CC 2017 中，当素材被添加到"时间线"面板中的轨道后，必须对此素材进行分割才能进行后面的操作，可以应用工具箱中的"剃刀工具"来完成。操作步骤如下：

（1）选择"剃刀工具"。

（2）将鼠标指针移到需要切割影片片段的"时间线"面板中的某一素材上，单击鼠标，该素材即被切割为两个素材，每个素材都有独立的长度和入点与出点。

（3）如果要将多个轨道上的素材在同一点分割，则在按住 Shift 键的同时，会显示多重刀片，轨道上未锁定的素材都在该位置被分割为两段，如图 2-5 所示。

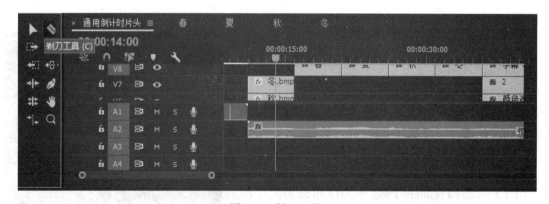

图 2-5　剃刀工具

2. 插入和覆盖编辑

用户可以选择插入和覆盖编辑，将"源素材"窗口或者"项目"窗口中的素材插入"时间线"面板中。在插入素材时，可以锁定其他轨道上的素材，以避免引起不必要的变动，如图2-6所示。

图2-6　插入和覆盖编辑

3. 视频特效的应用及纯色背景的添加

（1）应用视频特效：在"效果"面板中展开"视频特效"选项进行设置。

（2）添加纯色背景：选项"文件"→"新建"→"颜色底纹"选项进行纯色背景的添加。

【知识拓展】

（1）改变影片的速度；

（2）删除波纹；

（3）设置标记点：添加标记、查找标记、删除标记；

（4）在其他软件中打开素材（编辑/编辑源素材）；

（5）编辑字幕；

（6）分离和连接素材；

（7）群组和嵌套；

（8）采集和上载视频。

1. 链接

（1）在"时间线"面板中框选要进行链接的视频和音频片段。

（2）单击鼠标右键，在弹出的菜单中选择"链接"命令，片段就被链接在一起。

2. 分离

（1）在"时间线"面板中选择音频链接素材。

（2）单击鼠标右键，在弹出的菜单中选择"取消链接"命令，即可分离素材的音频和视频部分。

3. 群组和嵌套

在编辑工作中，经常要对多个素材整体进行操作。这时使用群组命令，可以将多个素材组合为一个整体进行移动、复制及打点等操作。

Premiere Pro CC 2017 在非线性编辑软件中引入了合成嵌套概念，可以将一个时间线嵌套到另外一个时间线中，作为一整段素材使用。对嵌套素材源时间线进行修改，会影响嵌套素材；对嵌套素材的修改则不会影响其源时间线。使用嵌套可以完成普通剪辑无法完成的复杂工作，并且可以在很大限度上提高工作效率。

4. 采集和上载视频

采集是指采集模拟信号素材和数字信号素材的上载内容。用户可以使用两种方法采集满屏视频：用硬件压缩实时采集，或者使用由计算机精确控制帧的录像机/影碟机实施非实时采集。一般使用硬件压缩实时采集视频。

【项目实现】

操作步骤：

（1）启动 Premiere Pro CC 2017 并新建项目。

（2）导入素材：春、夏、秋、冬 4 张图片和音频文件。

Premiere Pro CC 2017 支持大部分主流的视频、音频以及图像文件格式，一般的导入方式为：选择"文件"→"导入"命令，在"导入"对话框中选择需要的文件格式和文件；或者双击"项目"面板空白区域，打开"导入"对话框，如图 2-7 所示。

（3）单击"项目"面板右下角的"新建项"按钮，选择"通用倒计时片头"选项，如图 2-8 所示。

在"通用倒计时设置"对话框中，可以通过设置擦除颜色、背景色、线条颜色、目标颜色和数字颜色来调整倒计时的样式。在默认情况下，音频在倒数 2 s 的时候有提示音，也可以设置在每秒都响提示音。设置完成后单击"确定"按钮。

（4）将创建好的倒计时拖拽到时间线中，倒计时制作完成，如图 2-9 所示。

（5）制作绿色颜色遮罩。在字幕窗口中输入宣传片的片头字幕"美丽春夏秋冬"，选择合适的字幕样式和字体大小。添加白色矩形条，将透明度降低，放在片头字幕下方。通过"排列"子菜单中的各个选项（移到最前、前移、移到最后和后移）来调整字幕的图层位置。将字幕移到最前，如图 2-10 所示。

（6）将"春.bmp""夏.bmp""秋.bmp"和"冬.bmp"依次拖入视频轨道，分别设置 4 张图片的大小和位置，如图 2-11 所示。

图 2-7　导入图片素材和音频素材

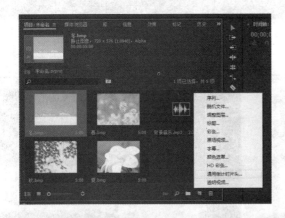
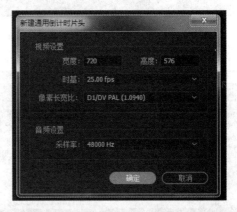
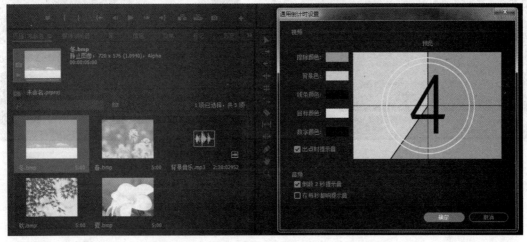

图 2-8　新建通用倒计时片头

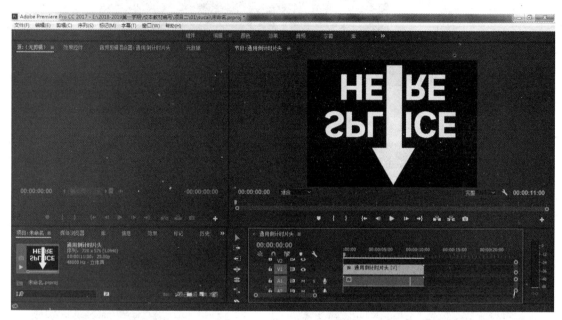

图 2-9　制作完成的倒计时效果

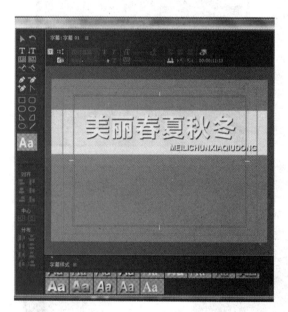 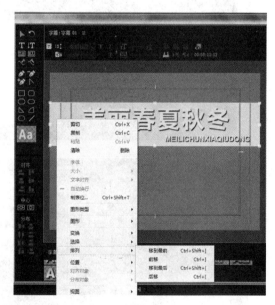

图 2-10　调整字幕图层的位置

图 2-11　设置图片素材的大小和位置

（7）新建一个新的"春"序列，在"春"序列中，新建一个颜色蒙版，选择浅黄，拖入"V1"轨道，再将"春.bmp"图片拖入"V2"轨道，设置"春.bmp"的图片的透明度为50%，实现图片和颜色遮罩的融合，如图 2-12 所示。

图 2-12　设置透明度

（8）新建静态字幕，在字幕窗口中单击鼠标右键，选择"图形"→"插入图形"命令，如图 2-13 所示。

（9）将"春.bmp"图片插入字幕窗口，双击调整图片的大小，使其居中显示。利用"描边"中的"外描边"功能，给"春.bmp"图片描细边。再利用文字工具，输入"春"字幕，选择合适的字幕样式，如图 2-14 所示。

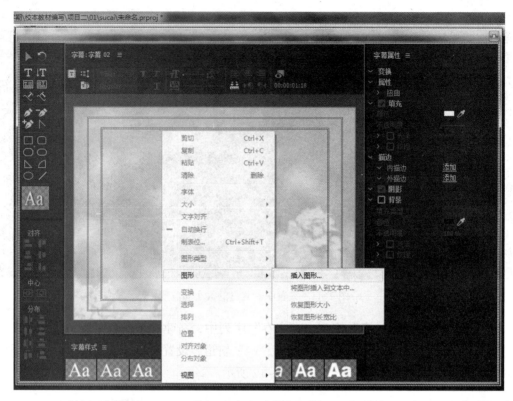

图 2-13　新建静态字幕

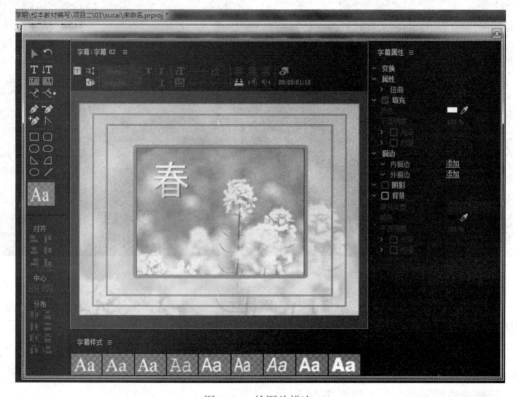

图 2-14　给图片描边

（10）将新建的字幕拖入视频轨道"V3"，在开头加入"交叉缩放"视频过渡效果，实现由大缩小的视觉效果。此时已实现画中画效果，如图2-15所示。

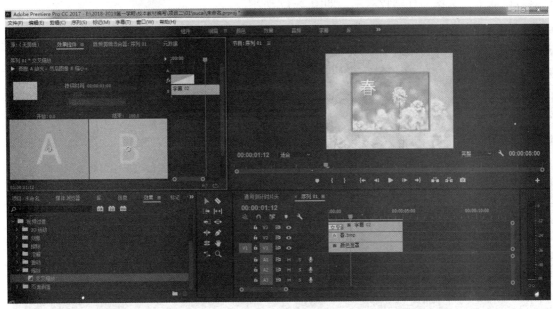

图2-15 添加视频过渡效果（1）

（11）利用同样的方法，制作新的"夏"序列，在字幕窗口中插入图形，并排版"夏.bmp"图片，输入字幕"夏"，选择合适的字体样式。在字幕开头加入"交叉溶解"视频过渡效果，实现淡入的视觉效果，如图2-16所示。

图2-16 添加视频过渡效果（2）

（12）利用同样的方法，制作新的"秋"序列，在字幕窗口中插入图形，并排版"秋.bmp"图片，输入字幕"秋"，选择合适的字体样式。在字幕开头加入"立方体旋转"视频过渡效果，实现图片翻转效果，如图 2-17 所示。

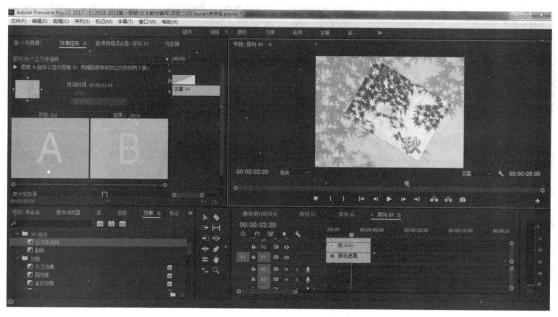

图 2-17　添加视频过渡效果（3）

（13）利用同样的方法，制作新的"冬"序列，在字幕窗口中插入图形，并排版"冬.bmp"图片，输入字幕"冬"，选择合适的字体样式，如图 2-18 所示。

图 2-18　添加字幕

（14）将"春""夏""秋""冬"4个序列依次拖入视频轨道，完成整个宣传片的片中部分，如图2-19所示。

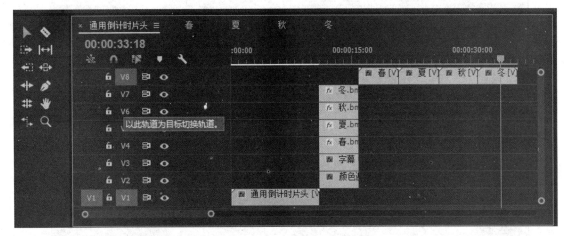

图2-19 将4个序列拖入视频轨道

（15）将"项目"面板中的"片头字幕"复制粘贴，改为"片尾字幕"，这样能够复制出文字的所有样式，在创建相同样式的字幕时，这种方法用得比较多。双击字幕，在字幕窗口中将片尾文字改为"留住四季的美丽"，并进行简单的版式设计，如图2-20所示。

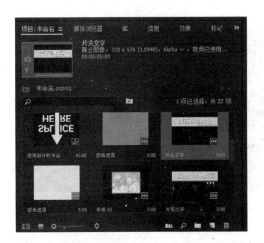

图2-20 排版字幕

（16）在字幕窗口中添加"清风工作室制作"字样和日期"2019年元月"，如图2-21所示。

（17）将背景音乐拖入"A1"音频轨道，放于倒计时效果的后面，将最后多余的音频用剃刀直接切除，并在音频末尾加上音频过渡效果"恒定增益"，添加音乐的淡出效果，如图2-22所示。

（18）选择"导出"→"媒体"选项，导出影片为"梦幻四季宣传片.mp4"。

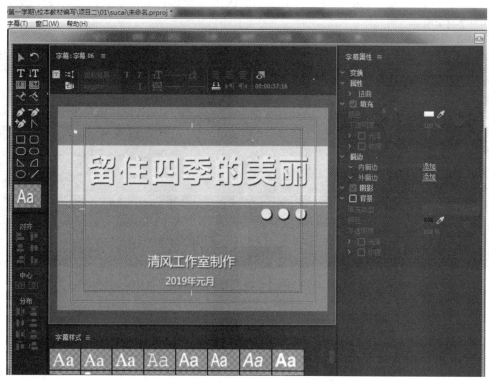

图 2-21　添加片尾字幕

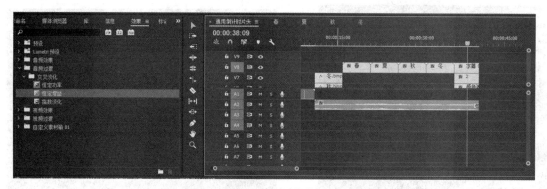

图 2-22　添加音频过渡效果

【课后习题】

1. 列出一些 Premiere Pro CC 2017 常用的视频过渡效果和视频特效，并说明其应用的场合。

2. 列出"运动"选项的常用设置并说明其应用的场合。

【巩固项目——小小旅行家 – 五彩滩探秘】

根据图片素材和音频素材，完成"小小旅行家 – 五彩滩探秘"项目。本项目的任务为制作预告片，预告片的前半部分介绍出品公司、导演和制片人，使用的转换效果是"叠化－黑场过度"，黑色表示未知，并透露出一种神秘感。

预告片的后半部分展示静态图像，使用的转换效果是"缩放－交叉缩放"，使图片迅速变小，由屏幕处缩小至适合屏幕，给人一种视觉上的冲击力，可以更好地抓住观众的眼球。效果如图 2-23 所示。

图 2-23 "五彩滩探秘"项目效果

具体操作步骤如下：

（1）启动 Premiere Pro CC 2017，单击"新建项目"按钮

（2）导入素材文件

选择"文件"→"导入"命令（或者按组合键"Ctrl+I"），在弹出的"导入"对话框中选择素材文件，如图 2-24 所示。

图 2-24 导入素材

（3）制作片头字幕。新建字幕 01"中国英皇股份有限公司""星空文化旅游股份有限公司"，设置字体为"华文中宋"，字号为 40。新建字幕 02"联合打造"，设置字体为"华文中宋"，字号为 30。选择描边中的外描边，设置描边颜色为白色，大小为 12，为文字添加粗体效果，如图 2-25 所示。

（4）导入背景图片，将其拖入视频轨道"V1"，设置背景图片的透明度为 70%，放置于图 2-26 所示位置，将字幕拖入"V2"轨道中。

图 2-25　制作片头字幕

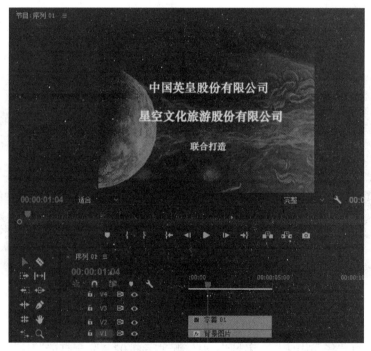

图 2-26　导入背景图片

（5）复制字幕 01 并粘贴修改为字幕 02，将其拖入视频轨道的字幕 01 的后面，双击进入字幕窗口进行修改。制作导演字幕，输入"新锐导演"，设置字号为 30；输入"郭帆"设置字号为 90；输入"精心执导"，设置字号为 30，如图 2-27 所示。

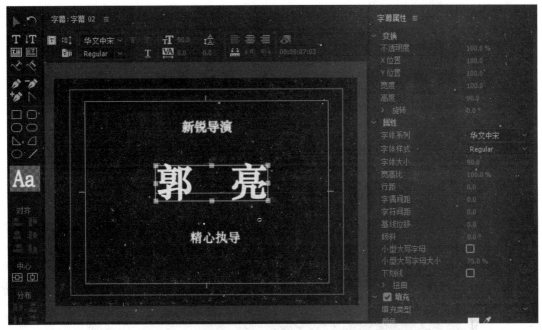

图 2-27　制作导演字幕

（6）将"云纹 .jpg"图片拖入视频轨道的字幕 02 上方，给"云纹 .jpg"图片添加视频效果，选择"键控"→"颜色键"视频特效，将其拖放至"云纹 .jpg"图片上方。此时"颜色键"视频特效的属性就出现在"效果控件"面板中。如图 2-28 所示。

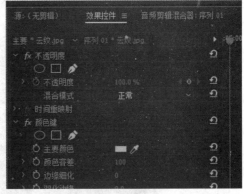

图 2-28　添加视频特效（1）

（7）利用"颜色键"中"主要颜色"的吸管吸除云纹背景中的黄色纯色背景，将颜色容差设置为 100，效果如图 2-29 所示。

（8）复制字幕 01 并粘贴修改为字幕 03，将其拖入视频轨道的字幕 02 的后面，双击进入字幕窗口进行修改。制作制片人字幕：输入"制片人"，设置字号为 30；输入"龚海滨"，设置字号为 60；复制"云纹"到字幕 03 上方，放置在字幕"制片人"的左侧，如图 2-30 所示。

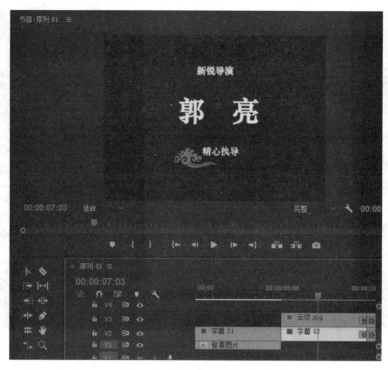

图 2-29　添加视频特效（2）

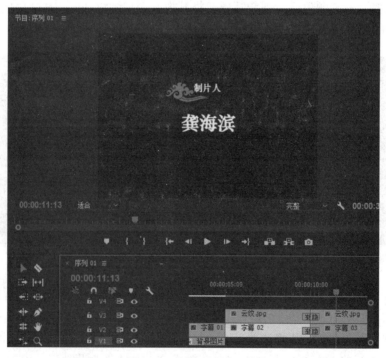

图 2-30　制作制片人字幕

（9）在所有字幕和云纹之间添加"视频过渡"→"溶解"→"渐隐为黑色"效果，加在视频开头，默认转场时间为 1 秒，如图 2-31 所示。

图 2-31　添加视频过渡效果

（10）再加入静态图片之前，先在字幕素材后面加一个黑色颜色遮罩，营造一种紧张的气氛，设置持续时间为 3 秒，并在中间加入视频过渡效果"渐隐为黑色"，如图 2-32 所示。

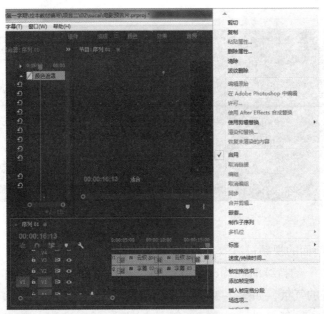

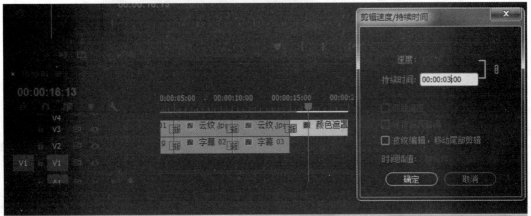

图 2-32　添加颜色遮罩和视频过渡效果

（11）连续拖入视频轨道 4 张图片，在图片前面添加视频过渡效果：选择"缩放"→"交叉缩放"选项，如图 2-33 所示。

图 2-33　添加视频过渡效果

（12）单击图片前面的视频过渡效果后，"效果控件"面板中将出现"交叉缩放"的属性设置，将"交叉缩放"的持续时间均改为 0.15 秒，这样就能实现图片瞬间砸向屏幕的视频效果，营造一种神秘的气氛，如图 2-34 所示。

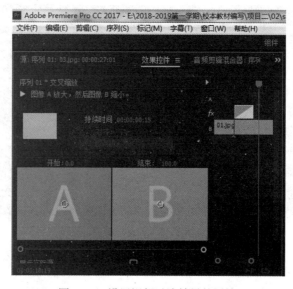

图 2-34　设置视频过渡效果的属性

（13）添加背景音乐，并且调整静态图片，使其和背景音乐协调，将图片的持续时间改为 3 秒比较合适，如图 2-35 所示。

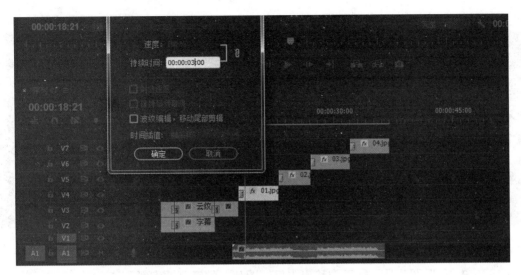

图 2-35 设置图片的持续时间

（14）在图片一中添加垂直文字"绚烂"，设置字体为"微软雅黑"，字号为 50，如图 2-36 所示。

图 2-36 添加字幕

（15）将"19.jpg"拖入视频轨道，选择"键控"→"颜色键"视频特效，将白色底去掉，制作位移关键帧，由上往下运动，如图 2-37 所示。

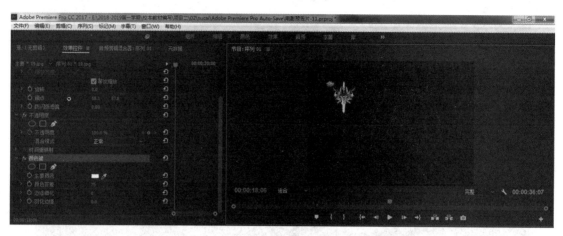

图 2-37 制作位移关键帧

（16）"19.jpg"图片从上往下位移出去后，图片一的字幕"绚烂"淡入。

（17）在图片二中添加垂直文字"五彩"，设置字体为"微软雅黑"，字号为 40。在图片三中添加垂直文字"探秘"，设置字体为"微软雅黑"，字号为 40。在图片四中添加垂直文字"神秘"，设置字体为"微软雅黑"，字号为 40，如图 2-38 所示。

图 2-38 添加字幕

（18）复制"19.jpg"图片的属性复制粘贴到另外的"19.jpg"图片上。这使制作效率提高，如图2-39所示。

图 2-39 复制粘贴属性

（19）添加字幕"五彩滩探秘""2019年寒假强档""2月5日""各大影院同步上映"，在字幕上添加"生成"→"镜头光晕"视频特效，设置"镜头光晕"的光晕中心，添加关键帧，使光从字幕"五彩滩探秘"的左侧滑到右侧，如图2-40所示。

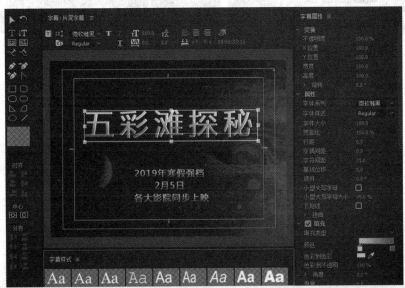

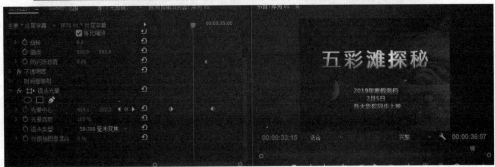

图 2-40 为字幕添加视频特效

（20）选择"文件"→"导出"→"媒体"选项，导出影片为"小小旅行家 – 五彩滩探秘 .mp4"。

【拓展项目——大型电视纪录片《中国建筑》片头的制作】

根据所给素材独立完成大型电视纪录片《中国建筑》片头的制作。

提示：根据中国建筑的独特、宏伟和雅气三个特点制作大型电视纪录片《中国建筑》的片头部分，制作中利用透明度的属性设置白云变色的叠加效果，同时注意影片整体布局和版式的应用。效果如图 2-41 所示。

图 2-41　大型电视纪录片《中国建筑》片头效果

项目三

春日游记——转场特效

项目目标

　　（1）掌握视频转场特效的添加和设置方法；

　　（2）根据素材的特点设置适当的视频转场特效；

　　（3）转场特效的扩展使用；

　　（4）为不同的素材应用适当的视频转场特效；

　　（5）利用视频转场特效制作特殊的视频效果。

知识链接

一部完整的影视作品是由一个个镜头组接而成的，前一个镜头的画面结束后立刻切入后一个镜头的画面，这种方式称为"硬切"，它是最简单、最常用的镜头切换方式。在相邻的镜头之间加入视频转场特效，可以为影片增添神奇的艺术效果，大大增加影视作品的艺术感染力。视频转场特效不能滥用，否则会分散观众的注意力，给人画蛇添足的感觉。

本项目制作《春日游记》风光片，描绘春天的美丽风景，抒发人们对美丽景色的向往之情。先通过各种途径收集春日旅游的图片资料，再利用Premiere Pro CC 2017 为影片添加视频转场特效，针对素材进行参数设置，然后添加背景音乐，最后输出影片，完成制作任务。本项目通过《春日游记》风光片的设计制作过程，对 Premiere Pro CC 2017 中的视频转场特效进行全面讲解。

- 视频转场特效；
- 默认切换设置；
- 视频转场特效参数设置。

3.1 视频转场特效

1. 3D 运动

在"3D 运动"文件夹中包含两种视频转场特效，如图 3-2 所示。

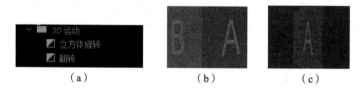

（a）　　　　　　　（b）　　　　　　　（c）

图 3-2　3D 运动

（a）"3D 运动"文件夹；（b）立方体旋转；（c）翻转

2. 划像

在"划像"文件夹中包含 4 种视频转场特效，如图 3-3 所示。

3. 擦除

在"擦除"文件夹中包括 17 种视频转场特效，如图 3-4 所示。

（a）

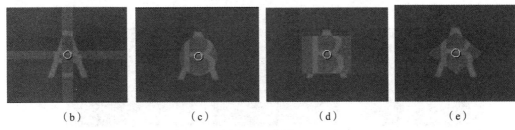

（b） （c） （d） （e）

图 3-3 划像

（a）"划像"文件夹；（b）交叉划像；（c）圆划像；（d）盒形划像；（e）菱形划像

（a）

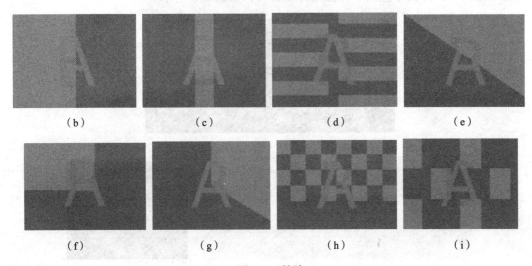

（b） （c） （d） （e）

（f） （g） （h） （i）

图 3-4 擦除

（a）"擦除"文件夹；（b）划出；（c）双侧平推门；（d）带状擦除；（e）径向擦除；

（f）插入；（g）时钟式擦除；（h）棋盘；（i）棋盘擦除

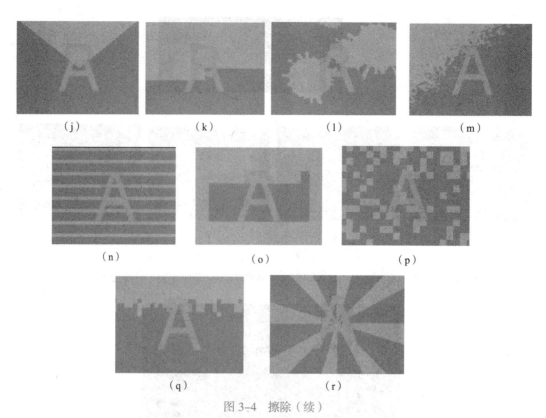

图 3-4　擦除（续）

（j）楔形擦除；（k）水波块；（l）油漆飞溅；（m）渐变擦除；（n）百叶窗；（o）螺旋框；

（p）随机块；（q）随机擦除；（r）风车

4. 溶解

在"溶解"文件夹中包括 7 种视频转场特效，如图 3-5 所示。

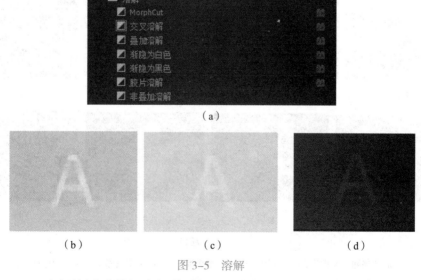

图 3-5　溶解

（a）"溶解"文件夹；（b）叠加溶解；（c）渐隐为白色；（d）渐隐为黑色

（e）　　　　　（f）

图 3-5　溶解[①]

（e）胶片溶解；（f）非叠加溶解

5. 滑动

在"滑动"文件夹中包括 5 种视频转场特效，如图 3-6 所示。

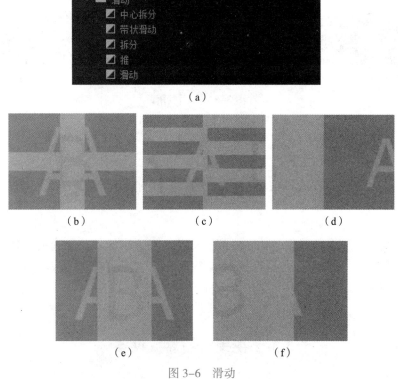

（a）

（b）　　　　　（c）　　　　　（d）

（e）　　　　　（f）

图 3-6　滑动

（a）"滑动"文件夹；（b）中心拆分；（c）带状滑动；（d）推；（e）拆分；（f）滑动

6. 缩放

在"缩放"文件夹中包括 1 种视频转场特效，如图 3-7 所示。

7. 页面剥落

在"页面剥落"文件夹中包括两种视频转场特效，如图 3-8 所示。

---

① 注："Morph Cut""交叉溶解"两种视频转场特效未在图中标示出，特此说明。

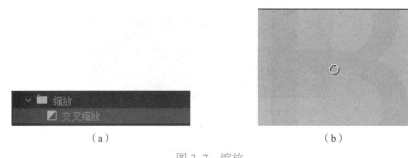

（a） （b）

图 3-7 缩放

（a）"缩放"文件夹；（b）交叉缩放

（a） （b） （c）

图 3-8 页面剥落

（a）"页面剥落"文件夹；（b）翻页；（c）页面剥落

3.2 设置默认切换

选择"编辑"→"参数设置"→"常规"选项，在弹出的"参数选项"对话框中进行切换的缺省参数设置。单击鼠标右键设置默认切换。用"Ctrl+D"组合键应用视频切换。（注意要单击选中要插入特效的轨道并定位时间标尺）。

3.3 视频转场参数设置

一般情况下，切换在两个相邻素材间使用。也可以为一个素材施加切换，这时素材与其下方的轨道进行切换，但是下方的轨道只是作为背景使用，并不能被切换所控制。在两段影片中加入切换后，时间线上会有一个重叠区域，这个重叠区域就是发生切换的范围。

在缺省情况下，切换都是从 A 到 B 完成的。勾选"反向"复选框，可以改变切换的顺序。

勾选"显示实际像素"复选框，可以在切换设置对话框的"开始"和"结束"窗口显示实际切换帧图像。要改变切换的开始和结束的状态，可拖拽"开始"和"结束"滑块。按住

Shift 键并拖拽滑条可以使开始和结束滑条以相同的数值变化。

在对话框上方的"持续时间"栏可以设置切换的持续时间，也可通过拖拽切换边缘来改变。

【知识拓展】

PhotoShop 与 Premiere Pro CC 2017 的结合应用介绍如下。

用 PhotoShop 制作镂空的通道图片有两种方法。

方法一：打开 PhotoShop，打开背景图片；复制图像，并关闭原图片文件；双击背景层将其变成普通层，再利用"选区工具"绘制选区羽化（50），删除选区内内容并保存文件为".psd"格式。

方法二：打开 PhotoShop，打开背景图片；复制图像，并关闭原图片文件；利用"选区工具"绘制选区羽化（50）并反转选区，将选区保存为通道；保存文件为".psd"格式。

【项目实现】

操作步骤如下：

（1）启动 Premiere Pro CC 2017 并新建项目。

（2）导入素材图片和音频文件。

Premiere Pro CC 2017 支持大部分主流的视频、音频以及图像文件格式，一般的导入方式为：选择"文件"→"导入"命令，在"导入"对话框中选择所需要的文件格式和文件即可；或者双击项目面板的空白区域打开"导入"对话框，如图 3-9 所示。

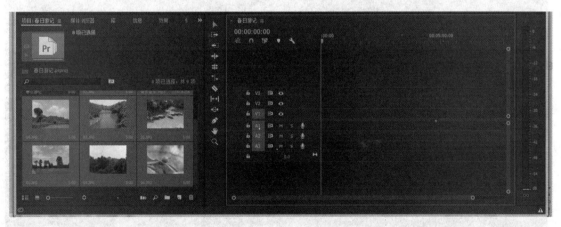

图 3-9　导入素材

（3）在"项目"面板中按住 Ctrl 键，依次选择"01.jpg"~"07.jpg"图片，将其拖到时间线"V1"上。

（4）用鼠标右键单击"01.jpg"图片，选择"缩放为帧大小"命令，图片则缩放和节目窗口的屏幕一样大小。同理，调整"02.jpg"~"07.jpg"图片的大小，让其正好缩放至合适位置，如图 3-10 所示。

图 3-10　缩放为帧大小

（5）在"01.jpg"~"02.jpg"图片之间添加"3D 运动"文件夹下的"立方体旋转"视频转场特效，直接将其拖放到两个图片之间，如图 3-11 所示。

图 3-11　添加视频转场特效

（6）默认转场时间为 0.24 秒，单击转场，在"效果控件"面板中，通过持续时间的改变，可以设置转场的快慢，如图 3-12 所示。

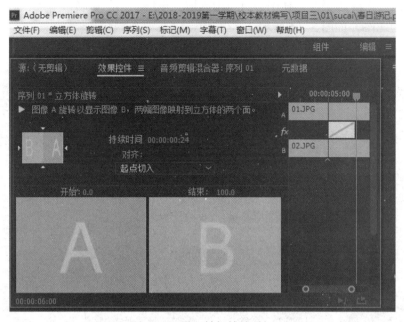

图 3-12　设置转场持续时间

（7）在"02.jpg"~"03.jpg"图片之间添加"划像"文件夹下的"圆划像"视频转场特效，在"02.jpg"~"04.jpg"图片之间添加"擦除"文件夹下的"带状擦除"视频转场特效，在"04.jpg"~"05.jpg"图片之间添加"擦除"文件夹下的"时钟式擦除"视频转场特效，在"05.jpg"~"06.jpg"图片之间添加"擦除"文件夹下的"油漆飞溅"视频转场特效，在"06.jpg"~"07.jpg"图片之间添加"滑动"文件夹下的"带状滑动"视频转场特效，如图 3-13所示。

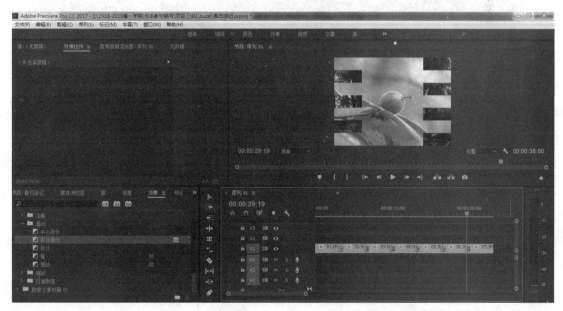

图 3-13　添加不同的视频转场特效

（8）新建一个静态字幕，在字幕窗口中利用"矩形工具"绘制一个黄色的矩形条，并将透明度调整为70%，如图3-14所示。

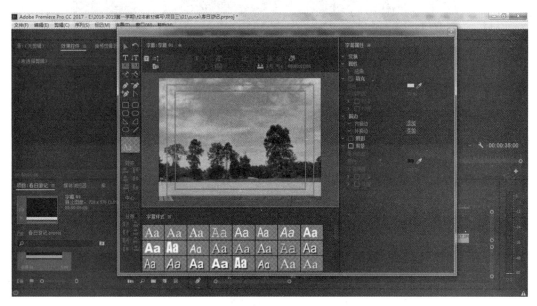

图3-14　绘制黄色矩形条

（9）新建一个流动字幕，将记事本中的文字复制粘贴到流动字幕窗口，设置文字的字体为"华文隶书"，字号为55，字幕样式为"Impact Regular white outline"，如图3-15所示。

图3-15　添加流动字幕

（10）将新创建的流动字幕拖放到时间线"V3"上，并将其长度拖至和时间线"V1""V2"一样长。在此时间段内，文字则从右至左实现流动播放，如图3-16所示。

图3-16　将字幕拖放到时间线上

（11）新建一个静态字幕，在字幕窗口中输入"春日游记"，设置字号为50，字体为"华文新魏"，放至屏幕右上角，如图3-17所示。

图3-17　添加静态字幕

（12）在"春日游记"字幕的最前面添加"溶解"文件夹中的"交叉溶解"视频转场特效，使字幕出现淡入的效果，这也是影视后期制作中最常用的视频转场特效。

（13）新建序列02，导入"08.jpg"图片，在图片的末尾添加"页面剥落"文件夹下的"翻页"视频转场特效，如图3-18所示。

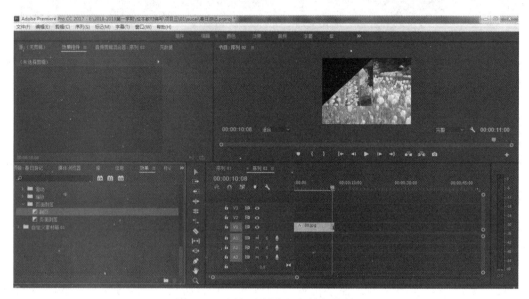

图 3-18 添加片尾的视频转场特效

（14）将序列02拖放到序列01中，单击鼠标右键，选择"速度/持续时间"选项，勾选"倒放速度"复选框，将序列02的视频进行倒序处理，则"翻页"视频转场特效在开始实现，如图3-19所示。

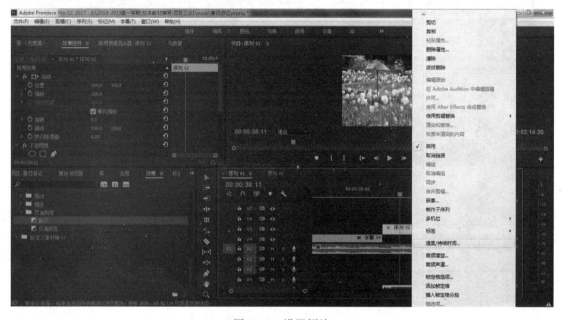

图 3-19 设置倒放

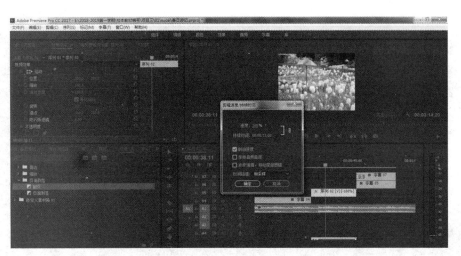

图 3-19 设置倒放（续）

（15）新建一个静态字幕，利用"矩形工具"绘制一个白色透明的矩形；再新建一个静态字幕，在字幕窗口中输入"留住春天的美丽回忆 让时间的美好定格"，设置字号为55，字体为"华文琥珀"，字符间距为20，如图3-20所示。

图 3-20 添加静态字幕

（16）在字幕的开始添加"溶解"文件夹下的"交叉溶解"视频转场特效，将转场的持续时间设置为2秒，如图3-21所示。

（17）将背景音乐拖放到"A1"视频轨道中，将滑块拖动到10秒15位置，下面的操作是将前面的杂音部分删除。按C键（一定要在无输入法的状态下），则鼠标指针变为"剃刀工具"的标记，在10秒15的位置剪开，再按V键，则鼠标指针还原成"选择工具"的标记，单击音乐的前10秒15的部分，按Del键删除，如图3-22所示。

图 3-21　添加视频转场特效

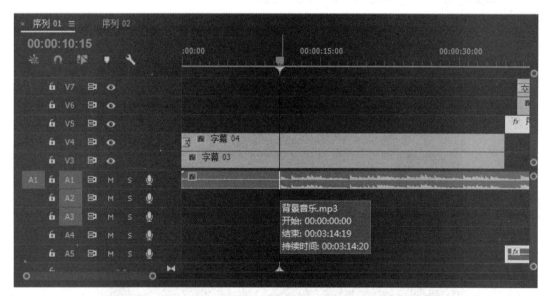

图 3-22　用"剃刀工具"剪辑音频

　　（18）在背景音乐 45 秒 18 的位置，利用前面的方法将之后多余的音乐截断。在音乐层轨道的开始和末尾均添加音频转场特效中"交叉淡化"文件夹下的"恒定功率"效果，实现音频淡入淡出的效果，如图 3-23 所示。

　　（19）选择"文件"→"导出"→"媒体"选项，导出影片为"春日游记 .mp4"。

图 3-23 音频淡入淡出

【课后习题】

1. 如何制作描边镂空字幕?
2. 如何用 Photoshop 制作镂空的通道图片?

【巩固项目——水墨荷花】

根据图片素材和音频素材,制作古色古香的卷轴画展开动画。本项目效果是两个卷轴徐徐展开,宣纸上呈现荷花在水中摇曳的动态效果,当卷轴全部展开后,右侧出现"水墨荷花"题词,紧接着荷花的背景逐渐去色变成黑灰色,给人一种惊艳后的神秘效果。效果如图 3-24 所示。

图 3-24 "水墨荷花"项目效果

具体操作步骤如下：

（1）制作卷轴。

①打开 Photoshop，单击"打开"按钮，从卷轴素材中选择一款自己喜欢的卷轴样式，如图 3-25 所示。

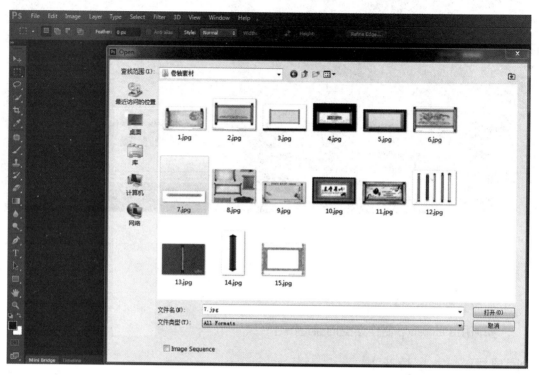

图 3-25　打开 Photoshop，导入素材

②双击背景层将其变为图层，为后面制作 Photoshop 镂空图片做准备，如图 3-26 所示。

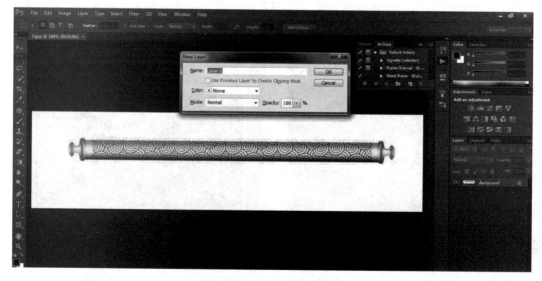

图 3-26　将背景层变成图层

③利用魔术棒吸取图片的白色部分，则除了卷轴以外的部分都变成选区，如图 3-27 所示。

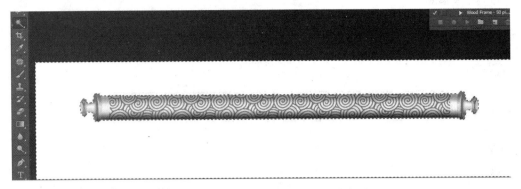

图 3-27　利用魔术棒吸取图片的白色部分

④按 Del 键将白色部分删除，如图 3-28 所示。

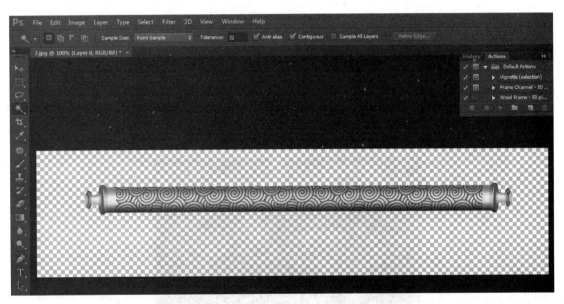

图 3-28　删除白色部分

⑤将图片另存为"卷轴镂空素材 .png"，此时必须保存为".png"格式的文件，镂空效果才能够实现，否则会出现白色的底，如图 3-29 所示。

（2）打开软件，导入相关素材。

①打开 Premiere Pro CC 2017，单击"新建项目"按钮。

②导入素材文件。

选择"文件"→"导入"命令（或者按"Ctrl+I"组合键），将"卷轴镂空素材 .png""宣纸 .jpg""墙面 .psd"3 个图片素材导入"项目"面板，如图 3-30 所示。

（3）将"墙面 .psd"放至序列 01 的时间线"V1"上，使其满屏显示。

（4）新建序列 02，将宣纸和荷花动画做成一个合成的序列。

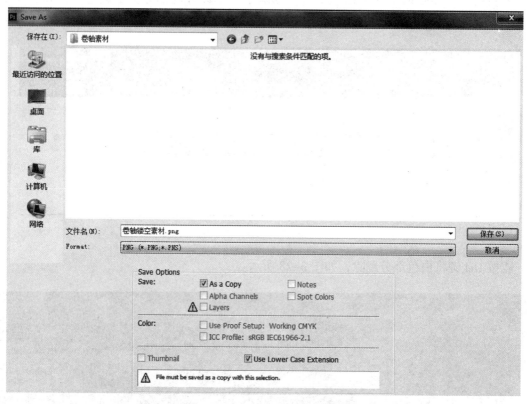

图 3-29　保存格式为 ".png"

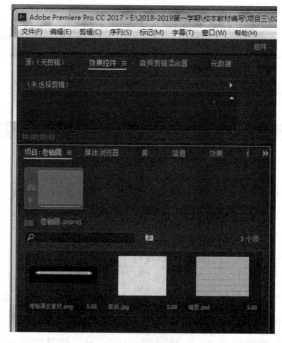

图 3-30　导入素材

①将"宣纸.jpg"图片放至"序列02"的时间线"V1"上，单击"宣纸.jpg"图片，在左上角出现的"效果控件"面板中，取消勾选"等比缩放"复选框，这样就可以将宣纸不等比例的拖拽成图3-31所示大小。

图3-31　去掉等比缩放

②在"项目"面板中双击导入荷花序列图片，单击选中"1001.jpg"图片并勾选左下角的"图像序列"复选框，则可以将所有序列文件导入"项目"面板，如图3-32所示。

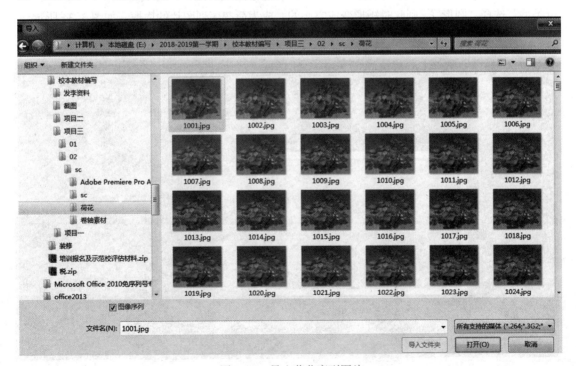

图3-32　导入荷花序列图片

③将荷花序列图片放至序列 02 的时间线"V2"上，取消勾选"等比缩放"复选框，将荷花序列图片缩放在宣纸的合适位置，如图 3-33 所示。

图 3-33　放置荷花序列图片至合适位置

④新建一个静态字幕，利用"矩形工具"绘制一个深咖色矩形，在"字幕属性"窗口的"属性"→"图形类型"下拉列表中选择"开放贝塞尔曲线"选项，将线宽设置为 10，"大写字母类型"选择"圆形"，则此时矩形变成空心的，成为荷花序列图片的边框，如图 3-34 所示。

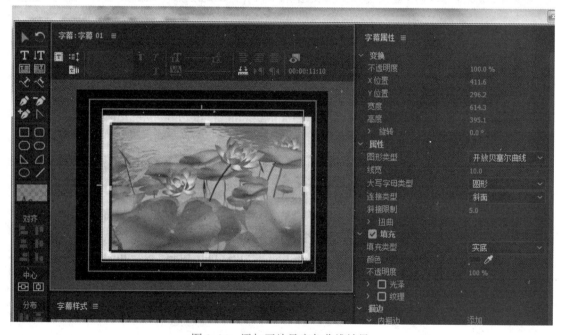

图 3-34　添加开放贝塞尔曲线效果

⑤此时序列 02 内容全部完成，如图 3-35 所示。

图 3-35 序列 02 内容

（5）在序列 01 中制作卷轴动画。

①将"墙面 .psd"图片放至时间线"V1"上，使其满屏显示。

②将"卷轴镂空素材 .png"放至时间线"V3"上，将旋转方向设置为 90°，将卷轴竖放在宣纸左侧，同理右侧也放置同样的卷轴，如图 3-36 所示。

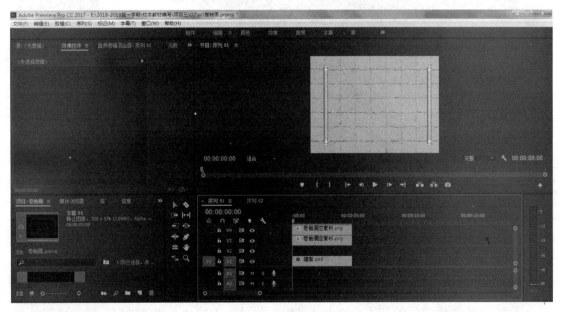

图 3-36 将卷轴放至合适的位置

③将序列 02 拖入到时间线"V2"上，调整好合适的位置和大小，如图 3-37 所示。

图 3-37　将序列 02 放至合适的位置

④用鼠标右键单击序列 02，选择"取消链接"命令，则序列 02 的视频和音频两个轨道独立分开，单击序列 02 的音频轨道，这是创建序列时自动产生的音频轨道，可以将其删除，如图 3-38 所示：

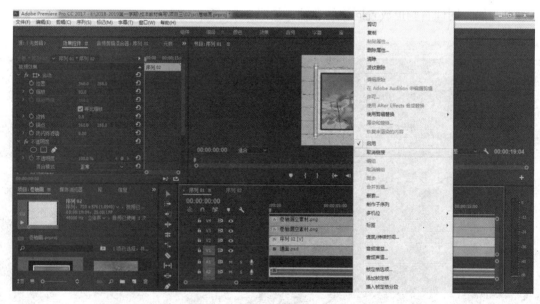

图 3-38　使视、音频轨道分离

⑤在序列 02 轨道层的开头，添加"擦除"文件夹下的"双侧平推门"视频转场效果，单击这个转场，在左上角的"效果控件"面板中将持续时间设置为 6 秒，实现荷花序列图片慢慢展开的视觉效果，如图 3-39 所示。

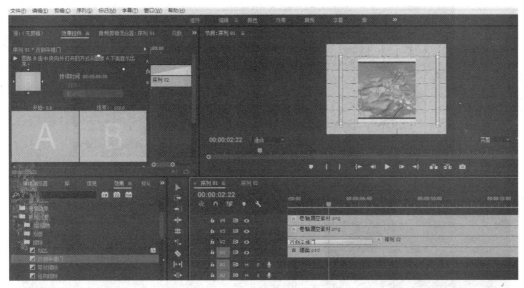

图 3-39 添加视频转场效果

⑥将滑块拖到最开始的位置，单击"卷轴漏空素材 .png"，在"效果控件"面板中，设置位置属性，将两个卷轴位置移动到中间，如图 3-40 所示。

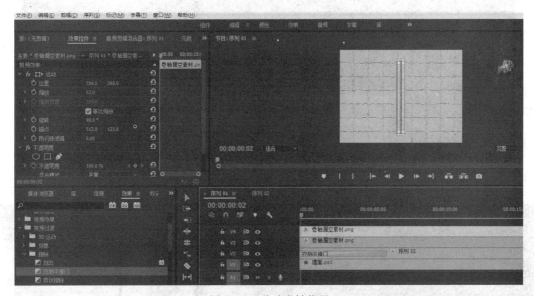

图 3-40 移动卷轴位置

⑦在初始位置，单击位置属性前面的小圆圈，创建初始位置的关键帧，如图 3-41 所示；

⑧将滑块移动到荷花序列图片完全展开的地方，如图 3-42 所示。

⑨利用"效果控件"面板中的位置属性，单击位置中的 X 属性，按住鼠标左键不松手往左滑动，随即可看到节目窗口中的卷轴慢慢移动到左侧至荷花序列图片的边缘位置，松开鼠标左键，则出现第二个关键帧。二个关键帧实现一个位移动画，此时左边的卷轴实现往左滑动的动作，如图 3-43 所示。

图 3-41 创建初始位置的关键帧

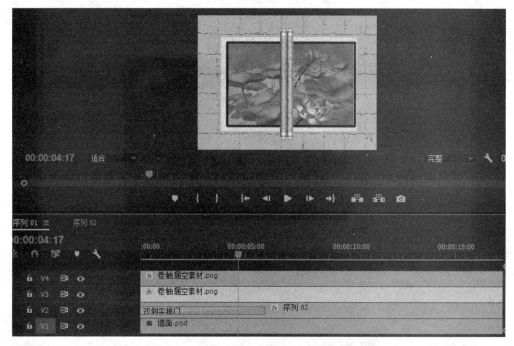

图 3-42 移动滑块

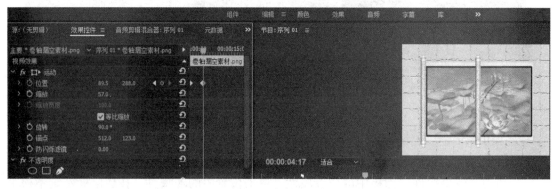

图 3-43 添加位移关键帧

⑩同理，依据关键帧动画原理，将右侧的卷轴滑动到右侧。此时已经实现了卷轴的运动效果，如图 3-44 所示。

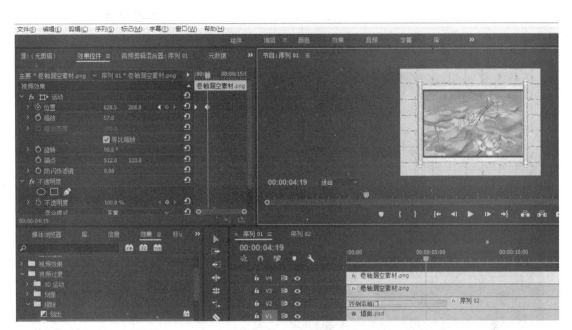

图 3-44 实现位移操作

（6）添加"水墨荷花"字幕效果。

①将"字.png"拖放到时间线"V5"上，在卷轴画完全展开的时候，出现"水墨荷花"字样，缩放至右下角的位置，如图 3-45 所示。

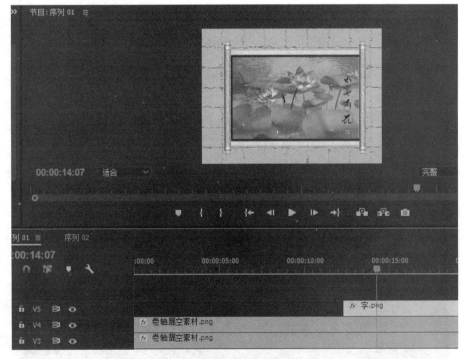

图 3-45 添加文字素材

②在"字.png"的开头添加"擦除"文件夹下的"径向擦除"视频转场特效，实现"水墨荷花"字幕从上往下擦除出现的效果，如图3-46所示。

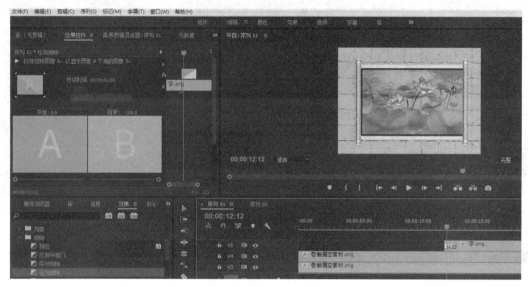

图3-46　添加视频转场特效

（7）给荷花序列图片末尾去色，使其变成黑灰色。

①单击序列02的轨道层，将滑块滑到荷叶转过来静止的位置，按C键，出现"剃刀工具"，在此位置剪开，按V键还原成"选择工具"，如图3-47所示。

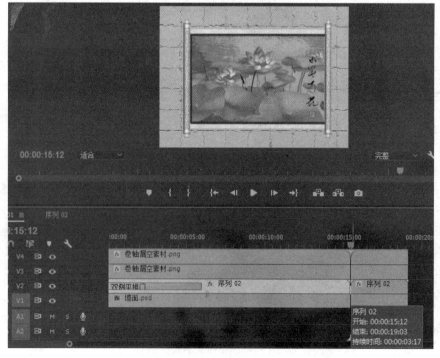

图3-47　使用"剃刀工具"

②选中序列 02 被剪开的后半部分，添加"图像控制"文件夹下的"黑白"视频转场特效，将其直接拖放在选中部分，随即显示荷花序列图片变成黑白色的效果，如图 3-48 所示。

图 3-48　添加视频转场特效

③在序列 02 的轨道层被剪断的中间位置添加"溶解"文件夹下的"交叉溶解"视频转场特效，让其慢慢过渡为"黑白"视频转场特效，如图 3-49 所示。

图 3-49　添加视频转场特效

（8）添加背景音乐。

①将"小小竹排.mp3"拖入音频轨道"A1"中，将滑块滑到23秒的位置，按C键，使用"剃刀工具"剪开，再按V键，选中前23秒的音乐将其删除，如图3-50所示。

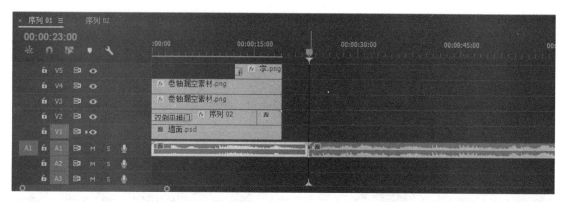

图3-50 使用"剃刀工具"

②将音频超出整个动画的部分也删除，如图3-51所示。

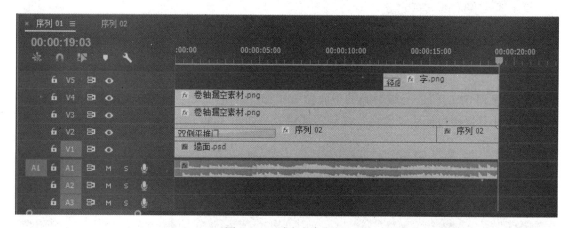

图3-51 删除多余音频

③在音频结束位置添加"音频过渡"文件夹下的"交叉淡化"→"恒定功率"音频转场特效，使音频实现淡出的效果，如图3-52所示。

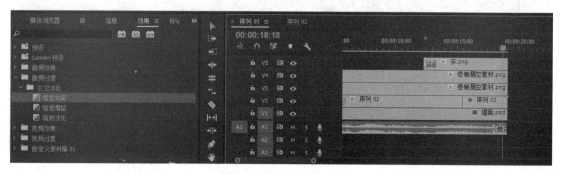

图3-52 添加音频转场特效

（9）创建"片中"序列。

①将"水墨荷花.jpg"图片拖放到视频轨道"V1"中，并分别复制两个至视频轨道"V2"和"V3"中，如图 3-53 所示。

图 3-53 复制"水墨荷花.jpg"图片

②"V1"视频轨道的图片添加"视频效果"→"变换"→"裁剪"特效，同时关闭"V2"和"V3"视频轨道的显示标记，设置裁剪特效的"右侧"属性值为 67%，则右侧部分图片被裁剪，如图 3-54 所示。

图 3-54 添加"裁剪"特效

③同理，关闭"V1"和"V3"视频轨道的显示标记，把"V1"和"V3"视频轨道的图片隐藏，给"V2"视频轨道上的图片添加"裁剪"特效，设置"左侧"属性值和"右侧"属性值，将图片裁剪得只剩中间部分，如图 3-55 所示。

图 3-55　添加"裁剪"特效

④同理，关闭"V1"和"V2"视频轨道的显示标记，把"V1"和"V2"视频轨道的图片隐藏，给"V3"视频轨道上的图片添加"裁剪"特效，设置"左侧"属性值，将图片裁剪得只剩右侧部分，如图 3-56 所示。

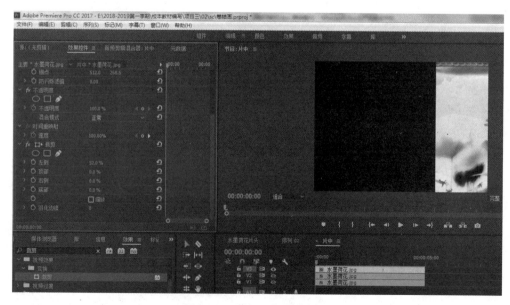

图 3-56　添加"裁剪"特效

⑤将所有视频轨道的图片都呈现出来，如图 3-57 所示。

图 3-57　呈现所有视频轨道的图片

⑥将"V1"视频轨道的荷花图片添加"视频效果"→"风格化"→"曝光过度"特效，并设置"阈值"属性为 0 ~ 100，实现图片由全曝光直至全部显示出来的效果，如图 3-58 所示。

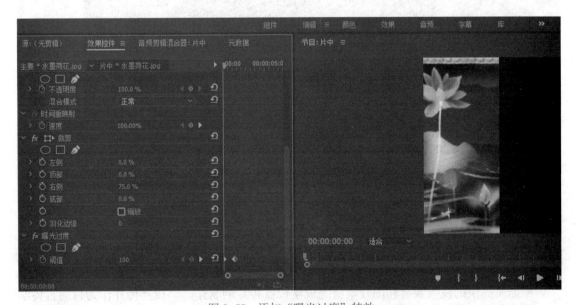

图 3-58　添加"曝光过度"特效

⑦将"V2"视频轨道的荷花图片添加"视频效果"→"风格化"→"查找边缘"特效，并设置"与原始图像混合"属性为 0～100%，实现图片由查找边缘直至全部显示出来的效果，如图 3-59 所示。

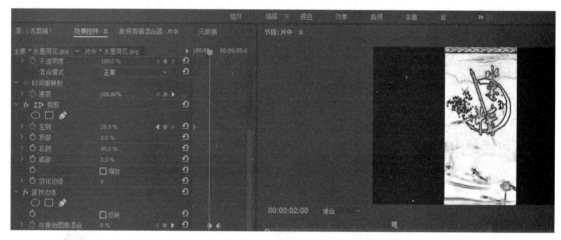

图 3-59　添加"查找边缘"特效

⑧将"V3"视频轨道的荷花图片添加"视频效果"→"图像控制"→"颜色平衡"特效，并设置"色相"属性为 360～0，实现图片颜色不断变幻后还原初始状态的效果，如图 3-60 所示。

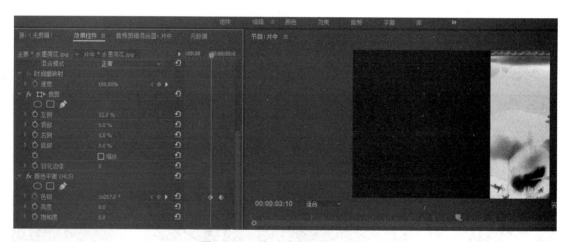

图 3-60　添加"颜色平衡"特效

（10）整合片头和片中后，选择"文件"→"导出"→"媒体"选项，导出影片为"水墨荷花 .mp4"。

【拓展项目——学校宣传片的制作】

根据所提供的视频素材和图片素材完成学校宣传片的制作。学校宣传片作为目前宣传学校形象的最好手段之一，可以有效提升学校的社会地位和形象。它通过精美的画面、富有魅力的声音带给观众感官的享受，更深层次的目的是把学校精神、思想文化、学科建设、教学科研等内容传递给观众，从而打动观众的心。利用 Premiere Pro CC 2017 软件为影片添加视频转场效果，对素材进行参数设置，然后添加背景音乐，最后输出影片，完成制作任务。通过该项目的设计制作过程，提升学生对 Premiere Pro CC 2017 中的转场效果的应用能力。其效果如图 3-61 所示。

图 3-61 学校宣传片效果

项目四

夏威夷梦幻行——运动设置

项目描述

　　利用运动原理制作旅游宣传片《夏威夷梦幻行》，片头部分展示夏威夷的几张照片和宣传片的主题字幕；片中部分充分利用关键帧设置和版式设计依次展示夏威夷的美景，让观众向往去夏威夷旅行；片尾字幕点题，结束项目。其效果如图4-1所示。

图 4-1　旅游宣传片《夏威夷梦幻行》效果

项目目标

（1）掌握片头片尾版式设计；

（2）掌握利用 Photoshop 和 Premiere Pro CC 2017 中联合进行素材处理和编辑制作的方法；

（3）掌握运动参数的设置方法；

（4）学会关键帧设置制作运动效果，并能够结合多个运动参数进行设计；

（5）按照制作要求输出影视作品。

知识链接

动态的画面比静态的画面更容易吸引观众的目光。Premiere Pro CC 2017 虽然不是动画制作软件，却有强大的运动生成功能。通过运动设置对话框，能方便地将图像或视频素材进行移动、旋转、缩放及变形等，让静态的图像产生运动效果。因此，为静止的图像、图形设置运动效果并且与视频素材有机结合，是影视制作中的一个非常关键的技巧。需要注意的是，"效果控件"面板中的"运动"选项组只能对素材整体设置运动效果，而不能对素材中的部分内容设置运动效果。

本项目以《夏威夷梦幻行》旅游宣传片为例，运用 Premiere Pro CC 2017 的运动设置功能，制作夏威夷图片的运动效果，对 Premiere Pro CC 2017 中的运动设置进行全面讲解。

- "效果控件"面板；
- 关键帧插值。

4.1 "效果控件"面板

本项目主要讲解"效果控件"面板中固定的效果设置，包括运动（位置、缩放、旋转、锚点、防闪烁滤镜）、不透明度和时间重映射，如图 4-2 所示。

1. 位置

此选项用来改变素材在节目窗口中的位置。在物体运动的初始位置设置一个关键帧，改变时间标尺的位置，然后将物体移至结束位置，由于物体的位置发生了变化，在结束位置会自动生成一个关键帧。

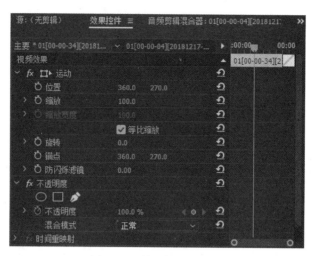

图 4-2 "效果控件"面板

2. 缩放

此选项用来改变素材的比例。将物体调整至合适大小后设置一个关键帧，改变时间标尺的位置，选中物体进行比例缩放，或改变缩放数值的大小，关键帧自动生成。取消勾选"等比"复选框后，高度和宽度可分别进行比例缩放。

3. 旋转

此选项用来改变素材的旋转角度。将物体的初始角度调整好后，设置一个关键帧，改变时间标尺的位置，改变旋转角度的数值后，第二个关键帧自动生成。

4. 锚点

此选项用来改变素材定位点的位置。在运动控制参数栏中调整定位点的坐标，即改变素材的轴心点。轴心点是对象的旋转或缩放的坐标中心，默认的定位点在素材的中心位置。随着定位点的改变，素材的运动状态也会发生变化。

5. 不透明度

此选项用来改变素材的透明度。在物体的初始位置设置一个关键帧，将透明度的值更改为 0，改变时间标尺的位置，然后将透明度的值更改为 100，两个关键帧之间就会产生淡入效果。

6. 时间重映射

该选项可以方便地实现视频的快动作、慢动作、倒放、静帧等效果。与"速度/持续时间"选项对整段素材进行速度调整有所不同，"时间重映射"选项可以通过关键帧的设定，实现一段素材在不同的时间段内速度的变化，并且这些变化都不是突变，而是平滑过渡的。

4.2　关键帧插值

可通过插值的方式控制关键帧，使运动对象产生加速、减速或匀速变化的运动效果。在"效果控件"面板中，选中要进行编辑的关键帧，单击鼠标右键，在弹出的快捷菜单中选择"临时插值"命令，发现其子菜单中有 7 种关键帧插值方式，如图 4-3 所示。

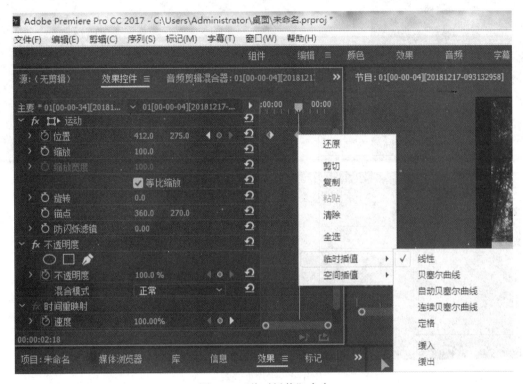

图 4-3　"临时插值"命令

【知识拓展】

1. 图片重叠效果

图片重叠效果是通过将两张图片放在上、下两层轨道并调整透明度的混合模式来实现的各种叠加效果，如图 4-4 所示：

2. 用关键帧实现淡入淡出效果

通过设置"效果控件"面板中的不透明度的数值大小来实现淡入淡出效果，如图 4-5 所示。

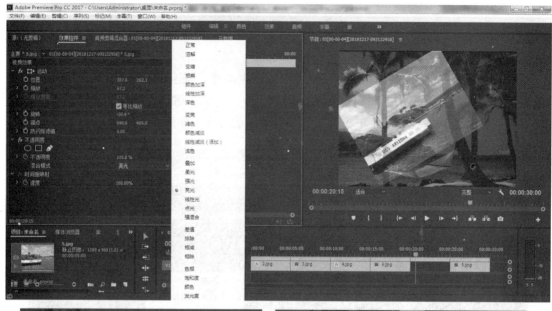

图 4-4　图片重叠效果

图 4-5　设置不透明度的数值

【项目实现】

（1）打开 Premiere Pro CC 2017 并新建项目。

（2）导入素材图片和音频文件。

Premiere Pro CC 2017 支持大部分主流的视频、音频以及图像文件格式，一般的导入方式为：选择"文件"→"导入"命令，在"导入"对话框中选择所需要的文件格式和文件即可；或者双击"项目"面板的空白区域打开导入窗口，如图 4-6 所示。

图 4-6　导入素材

（3）新建序列 01"片头"，然后在"项目"面板的右下角单击"新建项目"按钮，选择"颜色遮罩"选项，新建一个蓝色颜色遮罩，如图 4-7 所示。

图 4-7　新建蓝色颜色遮罩

（4）将颜色遮罩拖到时间线"V1"上，将"48.jpg"图片拖到时间线"V2"上。设置"48.jpg"图片的不透明度为30%，则图片中渐渐映射出蓝色颜色遮罩。此效果用于制作片头背景，如图4-8所示。

图4-8 设置不透明度

（5）新建静态字幕，绘制竖形白色矩形，将透明度降低，利用"垂直文字工具"输入主题文字"美丽夏威夷"，设置字体为"微软雅黑"，设置字号为85，设置字符间距为30。利用"垂直文字工具"输入"Welcome to Hawaii"，设置字号为40，设置字符间距为10，如图4-9所示。

图4-9 添加静态字幕

（6）在片头字幕中利用"Arial Black blue gradient"字幕样式绘制图4-10所示4个不同位置的矩形。

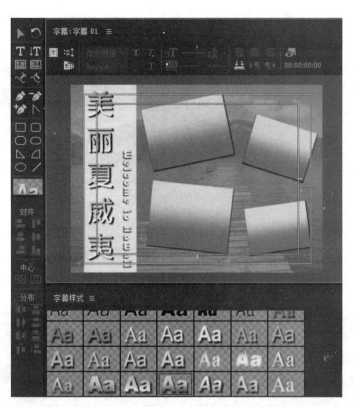

图 4-10　设置字幕样式

（7）返回至序列 01 "片头"，将片头字幕拖放到时间线 "V3" 上，任意放入 4 张夏威夷照片，调整位置和大小，调整大小的时候取消勾选 "等比缩放" 复选框，以方便设置其大小从而填充至矩形方块中，如图 4-11 所示。

图 4-11　调整照片的位置和大小

（8）在任意放置的 4 张照片开头加入"溶解"文件夹下的"交叉溶解"视频转场效果，并且将其时间错开，形成依次淡入的效果，让视觉效果更加丰富，如图 4-12 所示。

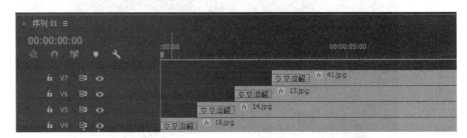

图 4-12　添加视频转场

至此，8 秒钟的片头制作完毕。

（9）新建序列 02"片中"，将"28.jpg"图片拖放到时间线"V1"上，设置其位置动画效果。将此图片缩放至 120 大小显示，并且将其位移到最左侧，如图 4-13 所示。

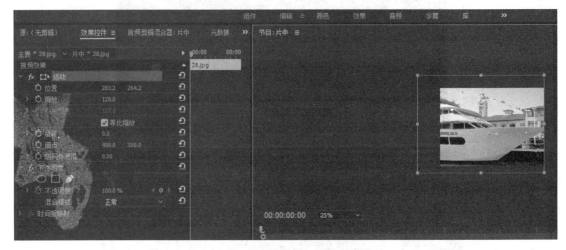

图 4-13　缩放图片

（10）单击"位置"属性前面的切换动画按钮，添加初始位置的关键帧，如图 4-14 所示。

图 4-14　添加初始位置的关键帧

（11）将滑块往后滑动 3 秒时间，再用鼠标左键按住"位置"属性的 X 坐标值往后滑动，直至将图片放置在合适的位置。松开鼠标左键以后，会自动添加一个结束位置的关键帧，此时两个关键帧实现一个动作即位移操作，轮船从左往右驶入画面，如图 4-15 所示。

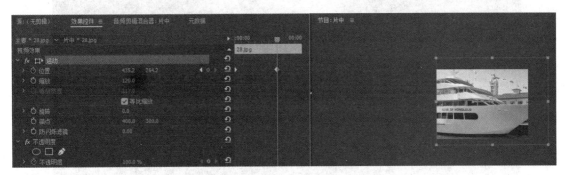

图 4-15　添加结果位置的关键帧

（12）新建静态字幕，利用"矩形工具"绘制浅绿色矩形条，再利用"文字工具"输入"美丽的旅程即将启程"，如图 4-16 所示。

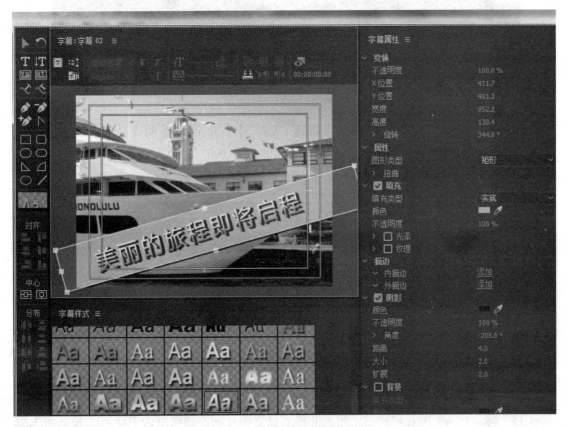

图 4-16　新建静态字幕

（13）将"2.jpg"图片拖放到视频轨道"V2"中，设置不透明度为 50%，将"7.jpg"和"1.jpg"图片放至合适的位置，如图 4-17 所示。

图 4-17　设置不透明度

（14）将"1.jpg"图片拖放到视频轨道"V4"中，设置不透明度为 0～100%，实现"1.jpg"图片的淡出效果，再设置"缩放"属性的值为 100～60，实现"1.jpg"图片由大缩小的效果，如图 4-18 所示。

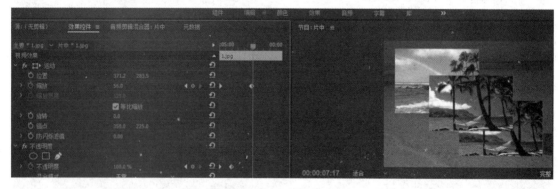

图 4-18　设置"缩放"属性

（15）将"1.jpg"图片移到右下角，并最后设置图片的不透明度为 100～0，使其消失融入右下角的图片中，如图 4-19 所示。

（16）将"7.jpg"图片设置与"1.jpg"图片一致的动作，先由大缩小再位移到左上角，消失融入左上角的图片中。

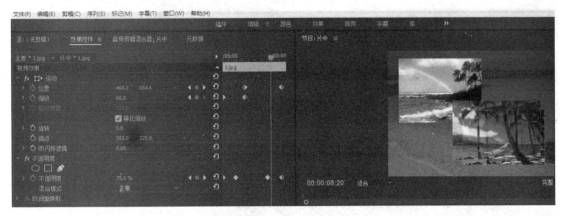

图 4-19 设置不透明度

（17）将"29.jpg"图片和"47.jpg"图片拖放到视频轨道中，放至合适的位置，如图4-20所示。

图 4-20 设置图片

（18）对"47.jpg"图片设置位移关键帧，将"47.jpg"图片移到舞台外左侧，添加初始位置的关键帧，拖动滑块到图片的三分之一位置后，将"47.jpg"图片移动到舞台中心位置，此时在滑块下方会自动创建一个关键帧，实现图片从左侧位移到中心的运动动画，如图 4-21 所示。

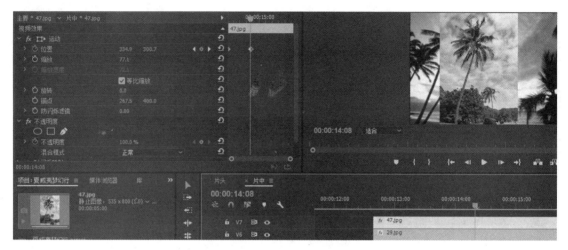

图 4-21　设置位移关键帧

（19）为了实现"47.jpg"图片在舞台停留一段时间的效果，用鼠标右键单击第二帧，复制粘贴一个相同属性的帧，在此时间段实现停止效果，如图 4-22 所示。

图 4-22　复制粘贴帧

（20）拖动滑块到图片末尾位置后，将"47.jpg"图片移动到舞台右侧外，此时在滑块下方会自动创建一个关键帧，实现图片从中心位移到右侧的运动动画，如图 4-23 所示。

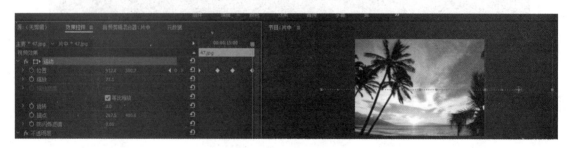

图 4-23　设置位移关键帧

（21）新建静态字幕，绘制胶卷图形，利用"矩形工具"绘制白色方框，结合"对齐"和"分布"按钮调节位置，画面布局均匀，如图 4-24 所示。

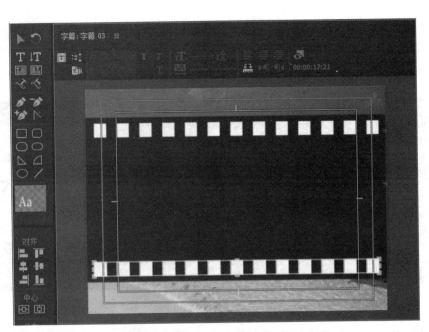

图 4-24　绘制胶卷图形

（22）将"13.jpg"图片拖放到视频轨道中，设置位置和缩放关键帧，实现图片从左侧位移到中心，放大到满屏再缩小，然后位移到胶卷右侧停止的效果，如图 4-25 所示。

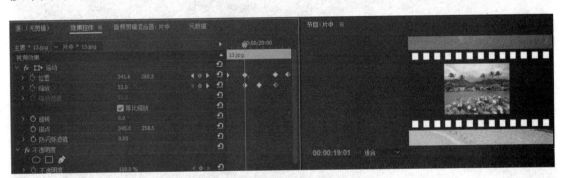

图 4-25　设置位置和缩放关键帧

（23）同理，将"36.jpg"图片拖放到视频轨道中，设置位置和缩放关键帧，实现图片从左侧位移到中心，放大到满屏再缩小，然后位移到胶卷左侧停止的效果，如图 4-26 所示。

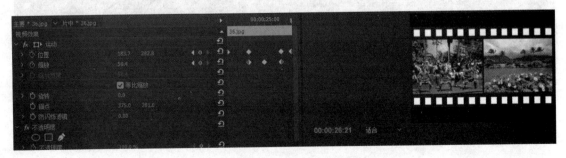

图 4-26　设置位置和缩放关键帧

（24）新建序列 03 "片尾"，将 "2.jpg" 图片和 "26.jpg" 图片拖放到视频轨道中，将 "2.jpg" 图片作为背景。为 "26.jpg" 图片设置左右旋转，然后放大至满屏后消失的效果，如图 4-27 所示。

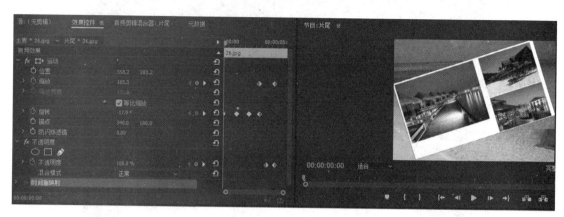

图 4-27　设置旋转关键帧

（25）新建静态字幕，输入片尾字幕 "欢迎来到夏威夷旅游 Welcome To Hawaii"，设置字体样式和字号，如图 4-28 所示。

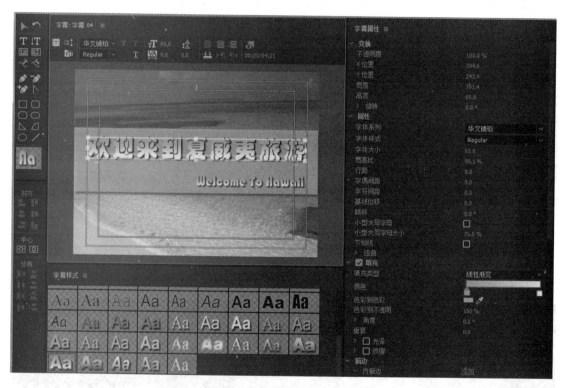

图 4-28　添加静态字幕

（26）将片尾字幕前面添加"交叉缩放"视频转场特效，如图4-29所示。

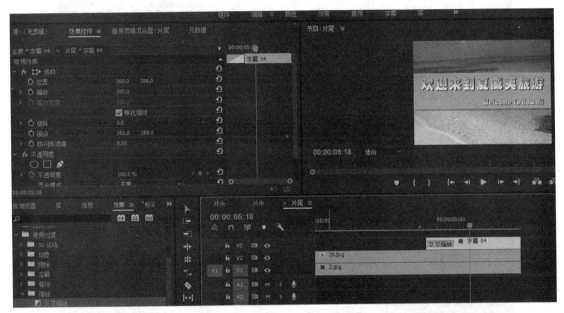

图4-29 添加视频转场特效

（27）新建序列04"整合"，将"片头"序列、"片中"序列和"片尾"序列拖放到"V1"视频轨道中。在"片头"和"片中"序列中间、"片中"和"片尾"序列中间分别添加"交叉溶解"视频转场特效，如图4-30所示。

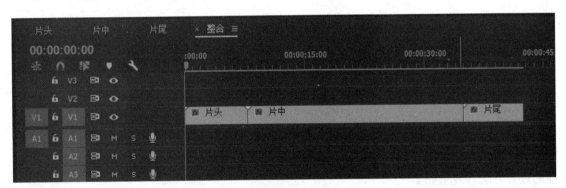

图4-30 添加视频转场特效

（28）将"钢琴演奏.mp3"拖放到音频轨道"A1"中，利用"剃刀工具"将音乐的中间部分截掉，使音乐最后的结束部分和片尾字幕吻合，实现简单的声画同步，如图4-31所示。

（29）选择"文件"→"导出"→"媒体"选项，导出影片为"夏威夷梦幻行.mp4"。

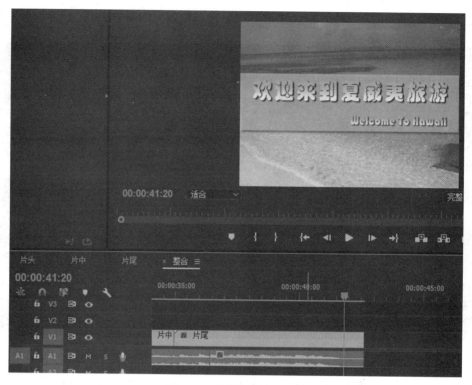

图 4-31　使用"剃刀工具"

【课后习题】

1. 如何设置 Premiere Pro CC 2017 运动关键帧？
2. 如何快速调整时间指示器？
3. 如何设置不透明度的混合模式？

【巩固项目——快乐足球】

根据所提供的图片素材和音频素材，制作《快乐足球》运动动画。本项目内容是实现足球在各个场景中的滚动动画，利用关键帧设置，体现足球的运动轨迹，以巩固关键帧各个属性的设置方法。效果如 4-32 所示。

图 4-32　《快乐足球》运动动画效果

具体操作步骤如下：

（1）选择"文件"→"导入"命令，在弹出的"导入"对话框中导入所有视频、音频文件，然后单击"打开"按钮导入文件，如图4-33所示。

图4-33 导入素材

（2）将"3.jpg"图片和"16.jpg"图片分别拖放到时间线"V1"和"V2"上，如图4-34所示。

（3）设置"16.jpg"图片的关键帧。

①设置"旋转"属性值，使足球原地旋转5圈；

②设置"位置"属性值，使足球快速从右侧位移到舞台中心；

③同时设置"缩放"和"不透明度"属性值，将足球放大至舞台中心，放大的同时不透明度为0，如图4-35所示。

（4）将"4.jpg"图片拖放到时间线"V1"上，再次设置"16.jpg"图片的关键帧。

①同时设置"缩放"和"不透明度"属性值，使足球由大缩小至舞台中心，不透明度由0变到100%；

②设置"旋转"属性值，使足球原地旋转4圈；

③设置"位置"属性值，使足球沿着球场转一圈，如图4-36所示。

（5）将"7.jpg"图片拖放到时间线"V1"上，再次设置"16.jpg"图片的关键帧。

图 4-34　将素材拖放到时间线上

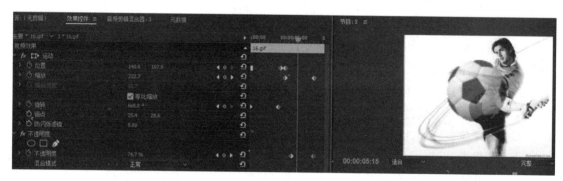

图 4-35　设置"16.jpg"图片的关键帧

图 4-36 设置"16.jpg"图片的关键帧

①为"16.jpg"图片添加"视频效果"→"透视"→"放射阴影"效果,给足球素材添加一个黑色的阴影效果,以增强足球的立体感,如图 4-37 所示。

图 4-37 添加阴影效果

②同时设置"位置"和"旋转"属性值,使足球在旋转的状态中从空中落下再滚落到足球场上。

③同时设置"位置""缩放"和"不透明度"属性值，让足球由大缩小飞入空中消失，如图4-38所示。

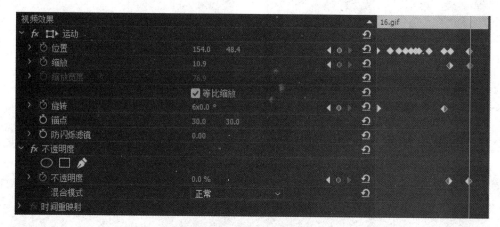

图4-38 设置足球的"位置""缩放"和"不透明度"关键帧

（6）将"11.jpg"图片拖放到时间线"V1"上，再次设置"16.jpg"图片的关键帧。

①为"11.jpg"图片设置旋转操作，让背景有微微转动的效果。

②设置"16.jpg"图片由大到小缩放，再设置不透明度逐渐增大，如图4-39所示。

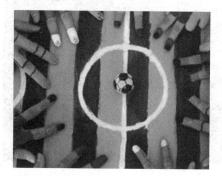

图4-39 设置足球的"位置""缩放"和"不透明度"关键帧

③复制3个"16.jpg"图片，将属性设置也同时复制，实现4个连续播放的动作，如图4-40所示。

图 4-40　复制属性设置

（7）将"13.jpg"图片拖放到时间线"V1"上，添加静态字幕"快乐足球　玩转一'夏'酷炫足球俱乐部等你来　地址：巨龙南路 118 号　电话：85464119"，并为字幕添加"视频效果"→"缩放"→"交叉缩放"效果，实现字幕由大缩放至屏幕中心的转场效果，如图 4-41 所示。

图 4-41　添加静态字幕

（8）将"声音素材 .WAV"拖放至音频轨道"A1"中。在声音末尾添加"音频过渡"→"交叉淡化"→"恒定功率"效果，实现音频淡出的效果。

（9）单击节目窗口中的"播放 / 停止开关"按钮，测试制作完成后的影片。

（10）选择"文件"→"导出"→"媒体"选项，导出影片为"快乐足球 .mp4"。

总结：本项目通过对足球弹跳的运动状态的设置，介绍了运动效果的设置方法。利用"效果控件"面板中的"运动"和"不透明度"选项，可以对静态图片或视频素材进行位置、比例、旋转、定位点和不透明度的设置，从而改变素材的尺寸、形状、方向、中心点和不透明度；通过调整关键帧的类型，可以改变运动物体的运动轨迹和运动状态，从而实现逼真、自然的运动效果。

【拓展项目——"致青春留念"短片的制作】

青春永远是一个响亮的名字，让青春永远留在我们的记忆中。搜集班级学生的集体照片和有意义的活动照片，制作"致青春留念"短片。利用本项目所学的关键帧进行属性设置，使运动自然流畅。效果如图4-42所示：

图4-42 "致青春留念"短片效果

项 目 五

神秘黑衣人——视频特效

项目描述

　　本项目利用若干视频特效制作《神秘黑衣人》短片，利用复制特效实现视频的动态效果，同时利用网格特效使画面看起来更整齐。其效果如图 5-1 所示。

图 5-1 《神秘黑衣人》短片效果

项目目标

　　（1）能够进行视频特效的参数调整；

　　（2）掌握枢像、复制和网络特效的应用；

　　（3）掌握其他视频特效；

　　（4）能够利用视频特效产生独特的效果，达到预期的效果；

　　（5）掌握为视、音频取消链接操作的方法。

视频特效

　　视频特效指的是由 Premiere Pro CC 2017 封装的程序。它们专门处理视频中的像素，然后按照特定的要求实现各种效果，可以使用它们修补素材中的缺陷，如通过"色彩平衡"特效调节视频素材的色调，为影片添加艺术效果等。下面对视频特效进行详细介绍。

　　1. Obsolete

　　Obsolete 特效组包括"快速模糊""自动对比度""自动颜色"和"阴影/高光"4 种特效。

　　（1）快速模糊：此特效可以设置素材在水平和垂直方向上的模糊程度，也可以分别设置水平模糊、垂直模糊，如图 5-2 所示。

图 5-2　"快速模糊"特效

　　（2）自动对比度：此特效模拟折射，产生类似透过毛玻璃看到的效果，如图 5-3 所示。

　　（3）自动颜色：此特效模拟涟漪效果，通过参数的调节可以使素材在三维空间内旋转、翻滚，光源的角度和波纹的中心等参数可以根据需要进行调节，如图 5-4 所示。

图 5-3 "自动对比度"特效

图 5-4 "自动颜色"特效

（4）阴影/高光：此特效模拟涟漪效果，通过参数的调节可以使素材在三维空间内旋转、翻滚，光源的角度和波纹的中心等参数可以根据需要进行调节，如图 5-5 所示。

图 5-5 "阴影/高光"特效

2. 变换

变换特效组中共有"垂直翻转""水平翻转""羽化边缘"和"裁剪"4种特效。

（1）垂直翻转：此特效可以将素材上下翻转，如图5-6所示。

图5-6 "垂直翻转"特效

（2）水平翻转：此特效可以将素材左右翻转，如图5-7所示。

图5-7 "水平翻转"特效

（3）羽化边缘：此特效可以使素材的四周产生羽化效果，以便与下一层很好地融合，如图5-8所示。

（4）裁剪：此特效可以按照指定的方向和数量裁切掉画面的边缘部分，勾选"缩放"复选框可以自动将裁切过的素材尺寸变为原始尺寸。该特效经常用来制作电影的宽银幕效果，如图5-9所示。

3. 图像控制

图像控制特效组中共有"灰度系数调整""颜色平衡（RGB）""颜色替换""颜色过滤""黑白"5种特效。

图 5-8　"羽化边缘"特效

图 5-9　"裁剪"特效

（1）灰度系数调整：该特效可以通过改变图像中间色调的亮度，在不改变图像高亮区域和低暗区域的情况下，让图像变得更明亮或更暗，如图 5-10 所示。

图 5-10　"灰度系数调整"特效

（2）色彩平衡（RGB）：此特效通过改变红、绿、蓝3个通道值来改变素材的色调，如图5-11所示。

图5-11 "色彩平衡"特效

（3）色彩替换：此特效可用某一种颜色以涂色的方式改变素材中的某一种颜色及其相似色，如图5-12所示。

图5-12 "色彩替换"特效

（4）色彩过滤：此特效可以将图像中指定颜色保留，而将其他颜色转化成灰度效果，如图5-13所示。

图5-13 "色彩过滤"特效

4. 实用程序

噪波 & 颗粒特效组中有"Cineon 转换器"1 种特效。

Cineon 转换器：此特效可以将标准线性到转换曲线，如图 5-14 所示。

图 5-14 "Cineon 转换器"特效

5. 扭曲

扭曲特效组中共有"位移""变形稳定器""变换""放大""旋转""果冻效应修复""波形变形""球面化""紊乱置换""边角定位""镜像"和"镜头"扭曲 12 种特效。

（1）位移：此特效可以改变素材的位置，并可以使偏移后的素材与原始素材混合，如图 5-15 所示。

图 5-15 "位移"特效

（2）变形稳定器：此特效可以使变形稳定，如图 5-16 所示。

（3）变换：此特效可以对素材进行位置、缩放、旋转、不透明度等二维变换，如图 5-17 所示。

（4）放大：此特效可以对素材的局部或全部进行放大，多用于强调事物，如图 5-18 所示。

（5）旋转：此特效可以使图像产生一种沿指定中心旋转变形的效果，如图 5-19 所示。

图 5-16　"变形稳定器"特效

图 5-17　"变换"特效

图 5-18　"放大"特效

图 5-19 "旋转"特效

（6）果冻效应修复：此特效可以用于清除扭曲伪像，如图 5-20 所示。

图 5-20 "果冻效应修复"特效

（7）波形变形：此特效可以使素材产生波浪形状的变形，如图 5-21 所示。

图 5-21 "波形变形"特效

（8）球面化：此特效可以使素材产生球面变形，如图 5-22 所示。

图 5-22 "球面化"特效

（9）紊乱置换：此特效通过各种置换制作类似哈哈镜、飘动的布条等扭曲效果，如图 5-23 所示。

图 5-23 "紊乱置换"特效

（10）边角定位：此特效通过改变素材的 4 个边角的位置对素材进行变形，如图 5-24 所示。

图 5-24 "边角定位"特效

（11）镜像：此特效可以使素材变为对称图像，它可以根据所设置的反射中心和反射角度设置镜像的中心轴，以中心轴为对称中心，将中心轴左侧的图像进行翻转，放在中心轴的右侧，如同镜中的像一般，如图 5-25 所示。

图 5-25 "镜像"特效

（12）镜头扭曲：此特效可以将素材原来的形状扭曲变形，产生凹凸球形、水平弯曲、垂直弯曲、左右褶皱和上下褶皱等扭曲效果，如图 5-26 所示。

图 5-26 "镜头扭曲"特效

6. 时间

时间特效组中共有"抽帧时间"和"残影"两种特效。

（1）抽帧时间：此特效可以从视频素材中把一定数目的帧抽取出来，使素材产生间歇的效果，如图 5-27 所示。

图 5-27 "抽帧时间"特效

（2）残影：此特效可以将素材不同时刻的多个帧进行混合，使动态元素产生拖尾效果，如图 5-28 所示。

7. 杂色与颗粒

杂色与颗粒特效组中共有"中间值""杂色""杂色 Alpha""杂色 HLS""杂色 HLS 自动""蒙尘与划痕"6 种特效。

图 5-28 "残影"特效

（1）中间值：此特效用指定半径范围内相邻像素的中间像素值替换像素，从而减少素材中的噪点，如图 5-29 所示。

图 5-29 "中间值"特效

（2）杂色：此特效可以为素材添加指定类型的噪波，使图像产生噪点效果，如图 5-30 所示。

（3）杂色 Alpha：此特效可以用 Alpha 通道为素材添加噪波，使图像产生不同的噪波效果，如图 5-31 所示。

（4）杂色 HLS：此特效可以单独为素材的色相、亮度和饱和度添加不规则的噪点，如图 5-32 所示。

（5）杂色 HLS 自动：此特效可以自动为素材的色相、亮度和饱和度添加不规则的噪点，如图 5-33 所示。

（6）蒙尘与划痕：此特效通过改变相异的像素来减少噪波，并可以将此效果运用到 Alpha 通道上，如图 5-34 所示。

图 5-30　"杂色"特效

图 5-31　"杂色 Alpha"特效

图 5-32　"杂色 HLS"特效

图 5-33 "杂色 HLS 自动"特效

图 5-34 "蒙尘与划痕"特效

8. 模糊与锐化

模糊与锐化特效组中有"复合模糊""方向模糊""相机模糊""通道模糊""钝化蒙版""锐化和高斯模糊"7 种特效。

（1）复合模糊：此特效可以使素材具有基本最大模糊值的模糊效果，如图 5-35 所示。

图 5-35 "复合模糊"特效

（2）方向模糊：此特效可以使素材产生一个具有 360° 范围的方向性模糊，从而形成一种运动的幻觉，如图 5-36 所示。

图 5-36 "方向模糊"特效

（3）相机模糊：此特效可使画面从最清晰连续调整得越来越模糊，类似照相机调整焦距时出现的模糊效果，可以应用于素材的开始画面或结束画面，做出调焦的效果，如图 5-37 所示。

图 5-37 "相机模糊"特效

（4）通道模糊：此特效从红、绿、蓝、Alpha 四个通道分别调整模糊效果，还可以从水平和垂直方向调整模糊的方向，如图 5-38 所示。

图 5-38 "通道模糊"特效

（5）钝化蒙版：此特效可以增加边缘色彩的对比度，如图 5-39 所示。

图 5-39 "钝化蒙版"特效

（6）锐化：此特效可以用于设置模糊的锐化量，数值越大，越有高斯锐化的效果，如图 5-40 所示。

图 5-40 "锐化"特效

（5）高斯模糊：此特效通过修改明暗分界点的差值，使图像变得模糊。高斯是一种变形曲线，由画面的临近像素点的色彩值产生，它可以将比较锐利的画面进行模糊，使画面产生雾状的效果，如图 5-41 所示。

图 5-41 "高斯模糊"特效

9. 生成

生成特效组中共有"书写""单元格图案""吸管填充""四色渐变""圆形""棋盘""椭圆""油漆桶""渐变""网格""镜头光晕"和"闪电"12种特效。

（1）书写：此特效可以通过为"笔触位置"设置关键帧，在图像上产生书写的效果，如图5-42所示。

图5-42 "书写"特效

（2）单元格图案：此特效可以设置单元格的效果，单元格图案有气泡、晶体、印板、静态板、晶格化、枕状等，单元格的大小等值都可以设置，如图5-43所示。

图5-43 "单元格图案"特效

（3）吸管填充：此特效可以在画面上添加一层蒙版色，如图5-44所示。

（4）四色渐变：此特效可以在素材上设置4种渐变颜色，并可以与原始素材混合，产生类似霓虹灯的彩色梦幻效果，如图5-45所示。

（5）圆形：此特效可以创建实心圆或圆环，通过设置混合模式，可以制作不同的效果，常用"模板Alpha"混合模式来制作圆形遮罩效果，如图5-46所示。

（6）棋盘：此特效可以为画面添加一层棋盘效果，棋盘的大小、颜色等可以设置，如图5-47所示。

图 5-44 "吸管填充"特效

图 5-45 "四色渐变"特效

图 5-46 "圆形"特效

图 5-47 "棋盘"特效

（7）椭圆：此特效可以在图像上添加一个椭圆，椭圆的位置、颜色等可以自由调整，如图 5-48 所示。

图 5-48 "椭圆"特效

（8）油漆桶：此特效可以为画面喷色，喷色的颜色及位置等可调，如图 5-49 所示。

图 5-49 "油漆桶"特效

（9）渐变：此特效可以产生色彩渐变效果，能与原始图像融合而产生渐变特效，如图 5-50 所示。

图 5-50 "渐变"特效

（10）网格：此特效可以为图像添加一层网格效果，如图 5-51 所示。

图 5-51 "网格"特效

（11）镜头光晕：此特效可以为画面添加镜头（50-300 毫米变焦、35 毫米定焦、105 毫米定焦），光晕的位置、亮度等可以自由设置，如图 5-52 所示。

图 5-52 "镜头光晕"特效

（12）闪电：此特效可以为画面添加闪电的效果，闪电的起止位置、振幅、分段、分支等都可以调节，如图 5-53 所示。

图 5-53　"闪电"特效

10. 视频

视频特效组中共有"SDR 遵从情况""剪辑名称"和"时间码"3 种特效。

（1）SDR 遵从情况：此特效可以调整视频整体的亮度、对比度和软阈值，如图 5-54 所示。

图 5-54　"SDR 遵从情况"特效

（2）剪辑名称：此特效用于调整剪辑相关属性，并显示序列剪辑名称，如图 5-55 所示。

图 5-55　"剪辑名称"特效

（3）时间码：此特效可以在画面中插入时间码，格式有4种，可以自选，如图5-56所示。

图5-56　"时间码"特效

11.　调整

调整特效组中共有"ProcAmp""光照效果""卷积内核""提取"和"色阶"5种特效。

（1）ProcAmp：此特效可以调整亮度、对比度、色相和饱和度等参数，还可以分屏进行效果对比，如图5-57所示。

图5-57　"ProcAmp"特效

（2）光照效果：此特效可以设置5盏灯，每盏灯可以设置平行光、全光源、点光源3种效果，可以设置灯光照射的角度、投射的半径等，如图5-58所示。

（3）卷积内核：此特效可以按照一种预先指定的数学计算方法对素材中像素的颜色进行运算，以改变图像中每一个像素的亮度值，如图5-59所示。

（4）提取：此特效可以将图像转化成灰度蒙版效果，可以通过定义灰度级别控制灰度图像的黑白比例，如图5-60所示。

（5）色阶：此特效可以通过25个通道调节图像的色彩，如图5-61所示。

图 5-58 "光照效果"特效

图 5-59 "卷积内核"特效

图 5-60 "提取"特效

图 5-61 "色阶"特效

12. 过时

过时特效组中共有"RGB 曲线""RGB 颜色校正器""三向颜色校正器""亮度曲线""亮度校正器""快速颜色校正器"和"自动色阶"7 种特效。

（1）RGB 曲线：此特效可以通过主轨道、三基色共 4 条曲线来调整颜色，如图 5-62 所示。

图 5-62 "RGB 曲线"特效

（2）RGB 颜色校正器：此特效可以通过调整灰度系数、基值、增益、RGB 等值进行 RGB 颜色调整，如图 5-63 所示。

（3）三向颜色校正器：此特效可以通过 3 个色盘来调整颜色，如图 5-64 所示。

（4）亮度曲线：此特效通过一条曲线来调整亮度，如图 5-65 所示。

（5）亮度校正器：此特效可以进行亮度、对比度、对比度级别、灰度系数等值的调整，如图 5-66 所示。

（6）快速颜色校正器：此特效可以通过一个色盘调整画面颜色，如图 5-67 所示。

（7）自动色阶：此特效将对图像进行自动色阶的调整，图像值和自动色阶的值相近时，图像应用该特效后变化效果较小，如图 5-68 所示。

图 5-63 "RGB 颜色校正器" 特效

图 5-64 "三向颜色校正器" 特效

图 5-65 "亮度曲线" 特效

图 5-66 "亮度校正器"特效

图 5-67 "快速颜色校正器"特效

图 5-68 "自动色阶"特效

13. 过渡

过渡特效组中共有"块溶解""径向擦除""渐变擦除""百叶窗"和"线性擦除"5种特效。

（1）块溶解：此特效可以为画面添加若干白色色块，色块可以设置羽化、块宽度和块高度等效果，如图 5-69 所示。

图 5-69 "块溶解"特效

（2）径向擦除：此特效可以以半径方向擦除画面，可以设置角度、羽化、顺时针方向或逆时针方向，如图 5-70 所示。

图 5-70 "径向擦除"特效

（3）渐变擦除：此特效可以以渐变擦除的方式擦除画面，如图 5-71 所示。

图 5-71 "渐变擦除"特效

（4）百叶窗：此特效可以以百叶窗的方式擦除画面，可以设置百叶窗的方向、多少、羽化、宽度等，如图5-72所示。

图5-72 "百叶窗"特效

（5）线性擦除：此特效可以以直线的方式擦除画面，擦除的角度、羽化效果可以设置，如图5-73所示。

图5-73 "线性擦除"特效

14. 透视

透视特效组中共有"基本3D""投影""放射阴影""斜角边"和"斜面Alpha"5种特效。

（1）基本3D：此特效可以在一个虚拟三维空间中操作片段，可以绕水平和垂直轴旋转图像，并使图像以靠近或远离屏幕的方式移动，如图5-74所示。

（2）投影：此特效可以添加一个阴影显示在片段的后面。阴影的形状由片段的Alpha通道决定。与大多数其他特效不一样，该特效能在片段的边界之外创建一个影响，如图5-75所示。

（3）放射阴影：此特效同"投影"特效相似，也可以为图像添加从画面中央向四周辐射的阴影效果，但比"投影"特效在控制上多一些变化，如图5-76所示。

图 5-74 "基本 3D"特效

图 5-75 "投影"特效

图 5-76 "放射阴影"特效

（4）斜角边：此特效可以对画面的四个边设置斜角，可以设置边缘厚度、光照角度、光照颜色、光照强度等，如图5-77所示。

图5-77 "斜角边"特效

（5）斜面Alpha：此特效可以设置画面的透明斜角效果，可以设置方向、透明色及颜色的浓度等，如图5-78所示。

图5-78 "斜面Alpha"特效

15. 通道

通道特效组共有"反转""复合运算""混合""算术""纯色合成""计算"和"设置遮罩"7种特效。

（1）反转：此特效可以将指定通道的颜色反转成相应的补色，如图5-79所示。

（2）复合运算：此特效可以通过通道和模式应用，以及和其他视频轨道图像的混合，制作出混合的图像效果，如图5-80所示。

（3）混合：此特效可以将两个视频轨道中的图像按指定方式进行混合，以产生混合后的效果，该特效应用在位于视频轨道上方的图像上，让其与下方的图像进行混合，如图5-81所示。

图 5-79　"反转"特效

图 5-80　"复合运算"特效

图 5-81　"混合"特效

（4）算术：此特效可以利用某种算法的操作和通道分色的调整，对图像进行色彩效果的改变，如图 5-82 所示。

图 5-82 "算术" 特效

（5）纯色合成：此特效可以添加一种颜色进行混合，以产生不同的色彩及透明效果，如图 5-83 所示。

图 5-83 "纯色合成" 特效

（6）计算：此特效与"混合"特效有相似之处，但比"混合"特效有更多选项操作，通过通道和视频的混合产生多种效果，如图 5-84 所示。

图 5-84 "计算" 特效

（7）设置遮罩：此特效可以通过视频轨道和通道模式的应用，改变图像的色彩，如图5-85所示。

图 5-85　"设置遮罩"特效

16. 键控

键控特效组共有"Alpha调整""亮度键""图像遮罩键""差值遮罩""移除遮罩""超级键""轨道遮罩键""非红色键"和"颜色键"9种特效。

（1）Alpha调整：此特效可以按照前面滤镜的灰度等级决定叠加的效果，如图5-86所示。

图 5-86　"Alpha调整"特效

（2）亮度键：此特效可以将被叠加的图像的较暗区域的灰度设置为透明，而且保持色度不变，也就是说该滤镜的明暗对比十分强烈，如图5-87所示。

（3）图像遮罩键：此特效允许用户为被叠加的静态图文素材选择一种当作遮罩的背景素材，选择的素材可以是静态的，也可以是动态的，如图5-88所示。

（4）差值遮罩：此特效可在两个图像的相同区域叠加，从而保留它们的不同区域，如图5-89所示。

图 5-87 "亮度键"特效

图 5-88 "图像遮罩键"特效

图 5-89 "差值遮罩"特效

（5）移除遮罩：该特效可以把遮罩移除，移除画面中遮罩的白色区域或黑色区域，如图 5-90 所示。

（6）超级键：该特效使用指定颜色调整图像容差值、显示透明度，也可以调整图片颜色，如图 5-91 所示。

图 5-90 "移除遮罩"特效

图 5-91 "超级键"特效

（7）轨道遮罩键：该特效可以使用相邻轨道上的素材作为遮罩。有两种类遮罩使用方法，一种是 Alpha 通道透明，另一种是亮度叠加，由于轨道上的素材可以是动态内容，也可以进行编辑，故轨道遮罩是一种灵活的遮罩滤镜，如图 5-92 所示。

图 5-92 "轨道遮罩键"特效

（8）非红色键：此特效可以为蓝绿背景创建透明效果，如图5-93所示。

图5-93 "非红色键"特效

（9）颜色键：此特效可以指定一种颜色，系统会将图像中所有与其近似的像素键出，使其透明，如图5-94所示。

图5-94 "颜色键"特效

17. 颜色校正

颜色校正特效组共有"Lumetri Color""亮度与对比度""分色""均衡""更改为颜色""更改颜色""色彩""视频限幅器""通道混合器""颜色平衡""颜色平衡（HLS）"11种特效。

（1）Lumetri Color：此特效可以通过基本校正、创意、曲线、色轮、HSL辅助、晕影对图像进行颜色校正，如图5-95所示。

（2）亮度与对比度：此特效可以对图像的亮度和对比度进行调节，如图5-96所示。

（3）分色：此特效可以在某颜色范围内保留该色彩，将其他颜色漂白置换为灰度效果，如图5-97所示。

（4）均衡：此特效可以使画面的颜色、亮度、Photoshop风格统一，也可以调整具体的数值，如图5-98所示。

图 5-95　"Lumetri Color"特效

图 5-96　"亮度与对比度"特效

图 5-97　"分色"特效

图 5-98 "均衡"特效

（5）更改为颜色：此特效可以从一种颜色过渡到另一种颜色，将画面中的一种颜色置换为另一种颜色，如图 5-99 所示。

图 5-99 "更改为颜色"特效

（6）更改颜色：此特效可以从一种颜色通过进行色相、亮度、饱和度等值变换，更改为另一种颜色，如图 5-100 所示。

图 5-100 "更改颜色"特效

（7）色彩：此特效可以通过指定的颜色对图像进行颜色映射处理，将黑色和白色分别映射到不同的颜色，更改画面的色彩，如图 5-101 所示。

图 5-101 "色彩"特效

（8）视频限幅器：此特效可以对图像的色彩值进行调整，设置视频限制的范围，以便素材能够在电视中更精确地显示，如图 5-102 所示。

图 5-102 "视频限幅器"特效

（9）通道混合器：此特效可以通过修改一个或多个通道的颜色值来调整图像的色彩，如图 5-103 所示。

（10）颜色平衡：此特效可以用于调整素材的色彩均衡，如图 5-104 所示。

（11）颜色平衡（HLS）：此特效可以通过对图像的色相、亮度和饱和度各项参数的调整来改变图像的颜色，如图 5-105 所示。

18. 风格化

风格化特效组共有 "Alpha 发光" "复制" "彩色浮雕" "抽帧" "曝光过度" "查找边缘" "浮雕" "画笔描边" "粗糙边缘" "纹理化" "闪光灯" "阈值" 和 "马赛克" 13 种特效。

（1）Alpha 发光：此特效可以对含有通道的素材起作用，在通道的边缘部分产生一圈渐变的辉光效果，也可以在单独的图像上应用，制作发光效果，如图 5-106 所示。

图 5-103 "通道混合器"特效

图 5-104 "颜色平衡"特效

图 5-105 "颜色平衡（HLS）"特效

图 5-106　"Alpha 发光"特效

（2）复制：此特效可以对图像进行水平和垂直的复制，产生类似在墙上贴瓷砖的效果，如图 5-107 所示。

图 5-107　"复制"特效

（3）彩色浮雕：此特效可以通过锐化图像中物体的轮廓产生彩色浮雕效果，如图 5-108 所示。

图 5-108　"彩色浮雕"特效

（4）抽帧：此特效可将素材锁定到一个指定的帧率，从而产生跳帧播放的效果，如图 5-109 所示。

图 5-109 "抽帧"特效

（5）曝光过度：此特效可以调节曝光效果，阈值在 100 时类似于负片，如图 5-110 所示。

图 5-110 "曝光过度"特效

（6）查找边缘：此特效只留下画面的边缘部分，类似工笔画，如图 5-111 所示。

图 5-111 "查找边缘"特效

（7）浮雕：此特效可以实现黑白浮雕效果，浮雕的方向、轮廓可以调整，如图 5-112 所示。

图 5-112 "浮雕"特效

（8）画笔描边：此特效类似于用刷子给画面描边，描边的精细度可以调整，如图 5-113 所示。

图 5-113 "画笔描边"特效

（9）粗糙边缘：此特效给画面添加粗糙的边缘，边缘类型有"粗糙""粗糙颜色""剪切""复印""复印颜色"等，如图 5-114 所示。

图 5-114 "粗糙边缘"特效

（10）纹理化：此特效可以改变一个素材的纹理效果，并控制纹理的对比度和光照方向，如图 5–115 所示。

图 5–115　"纹理化"特效

（11）闪光灯：此特效可以添加一层颜色蒙版，类似闪光灯，如图 5–116 所示。

图 5–116　"闪光灯"特效

（12）阈值：此特效可以添加似木刻效果，没有中间过渡色，只有黑、白两色，如图 5–117 所示。

图 5–117　"阈值"特效

（13）马赛克：此特效可以给画面添加马赛克效果，马赛克的大小可以调整，如图 5-118 所示。

图 5-118 "马赛克"特效

【项目实现】

操作步骤如下：

（1）打开 Premiere Pro CC 2017 并新建项目。

（2）导入素材图片和音频文件。

Premiere Pro CC 2017 支持大部分主流的视频、音频以及图像文件格式，一般的导入方式为：选择"文件"→"导入"命令，在"导入"对话框中选择所需要的文件格式和文件即可；或者双击"项目"面板的空白区域打开"导入"对话框，如图 5-119 所示。

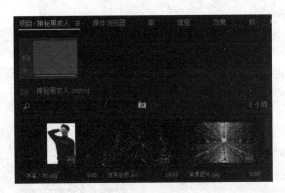

图 5-119 导入素材

（3）将"背景图片 .jpg"图片拖放到视频轨道"V1"中，调节图片大小至满屏，如图 5-120 所示。

（4）将"神秘黑衣人 .bmp"图片拖放到视频轨道"V2"中，给图片添加"视频效果"→"键控"→"颜色键"效果，用吸管吸取白色背景。设置颜色容差为 4，边缘细化为 4，羽化边缘为 2，则将纯色白色背景去除，如图 5-121 所示。

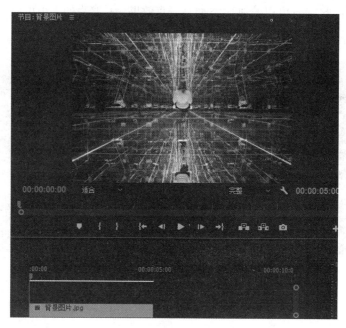

图 5-120   满屏显示图片

图 5-121   添加"颜色键"特效

（5）按组合键"Ctrl+C"复制人物图片，选中"V3"视频轨道，呈现蓝色框，将滑块拖至开头，按组合键"Ctrl+V"粘贴，并将视频轨道"V3"的人物图片隐藏，如图 5-122 所示。

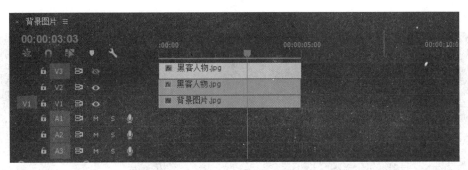

图 5-122 复制人物图片

（6）为"V2"视频轨道上的人物图片添加"视频效果"→"风格化"→"复制"效果，则立刻将人物复制出 4 个 2×2 的效果。设置"复制"特效的"计数"属性值为 2、3、4，则依次复制出 2×2、3×3、4×4 的人物，如图 5-123 所示。

（7）将"V2"视频轨道的图片，利用"剃刀工具"剪开成两个部分，利用"选择工具"选中后半部分，添加"视频效果"→"生成"→"网格"特效，则立刻生成一个多行多列的网格，如图 5-124 所示。

（8）设置"网格"特效的"混合模式"为"正常"，将人物和网格同时显示出来，如图 5-125 所示。

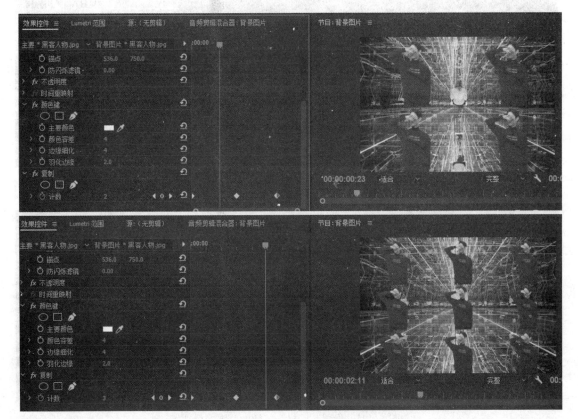

图 5-123 添加"复制"特效

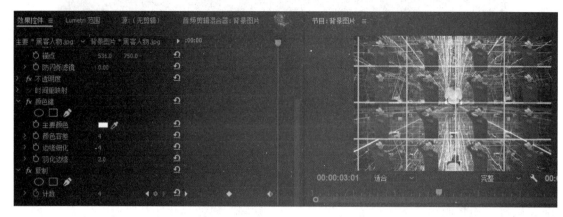

图 5-123　添加"复制"特效（续）

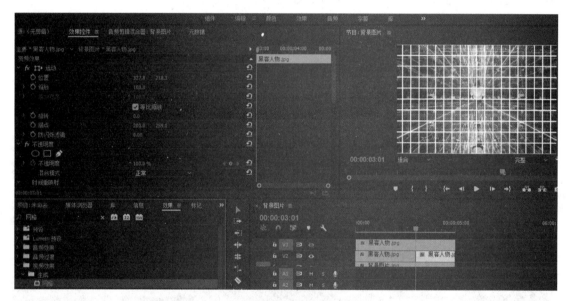

图 5-124　添加"网格"特效

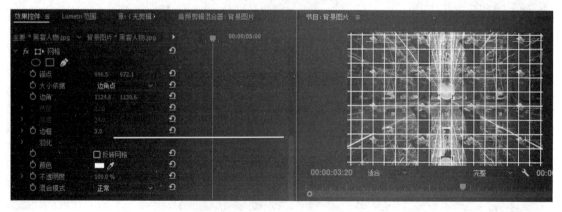

图 5-125　设置"网格"特效的"混合模式"

（9）设置"网格"特效的"颜色"为蓝色，单击"网格"特效，则在屏幕中会出现一个锚点和边角的圆形控制，拖拽调整它们的位置，同时锚点和边角的参数也随之发生改变，最后形成图5-126所示的网格。

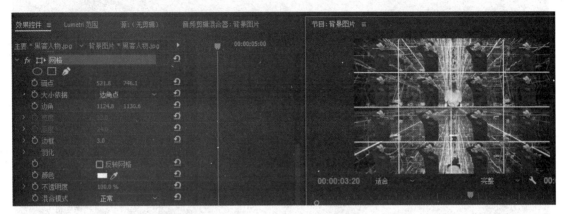

图5-126　设置"网格"特效的锚点位置

（10）将"V3"视频轨道隐藏的人物图层显示出来，在开头添加"视频过渡"→"溶解"→"交叉溶解"效果，如图5-127所示。

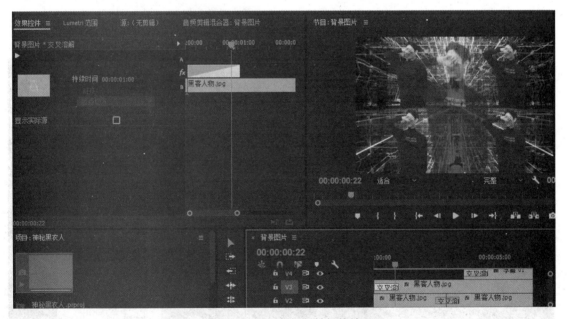

图5-127　添加视频转场特效

（11）添加静态字幕"神秘黑衣人"，如图5-128所示。

（12）将视频文件拖入到视频、音频轨道中，单击鼠标右键，选择"取消链接"命令，则音频和视频分开，形成独立的两个部分，此时将视频轨道的视频删除，仅留下音频作为背景音乐，如图5-129所示。

图 5-128　添加静态字幕

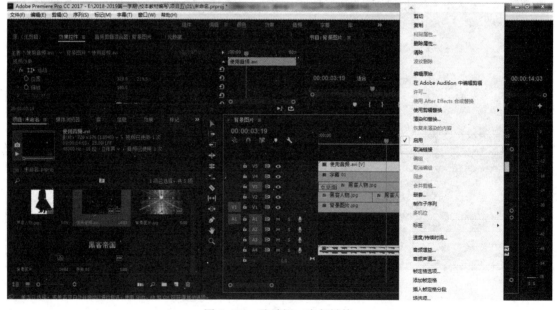

图 5-129　取消视、音频链接

（13）将音频多余的部分利用"剃刀工具"减去，在音频的最后添加"音频过渡"→"交叉淡化"→"恒定功率"效果让音频淡出，如图 5-130 所示。

（14）选择"文件"→"导出"→"媒体"选项，导出影片为"神秘黑衣人 .mp4"。

图 5-130 使用"剃刀工具"

【课后习题】

1. 如何设置复制图片视频特效的数量关键帧?
2. 如何设置"网格"特效的不透明度关键帧?

【巩固项目——环境保护宣传片的制作】

习近平总书记在哈萨克斯坦纳扎尔巴耶夫大学发表演讲并回答学生们提出的问题,在谈到环境保护问题时他指出:"我们既要绿水青山,也要金山银山。宁要绿水青山,不要金山银山,而且绿水青山就是金山银山。"这生动形象地表达了我们党和政府大力推进生态文明建设的鲜明态度和坚定决心。环境保护需要学生从身边做起,从小事做起,培养学生的环保意识,下面根据提示步骤独立完成环境保护宣传片的制作。其效果如图 5-131 所示。

图 5-131 环境保护宣传片效果

具体操作步骤如下:

(1)选择"文件"→"导入"命令,在弹出的"导入"对话框中导入所有的视频、音频文件,然后单击"打开"按钮导入文件

(2)新建序列"片头",如图 5-132 所示。

(3)将"14.jpg"图片拖放到视频轨道"V1"中,将"19.jpg"图片拖放到视频轨道"V2"中,在"19.jpg"图片上添加"键控"→"颜色键"特效,用吸管吸取树叶图片的白色背景,将颜色容差值设置为 20,将"羽化边缘"设置为 2,则白色背景去除,如图 5-133 所示。

图 5-132　新建序列

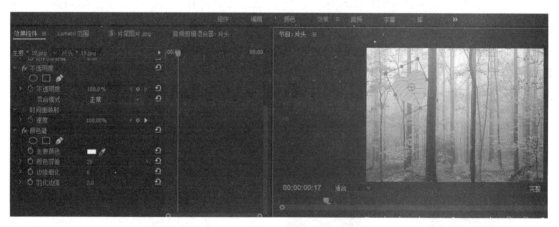

图 5-133　添加"颜色键"特效

（4）为"19.jpg"图片添加位置关键帧，实现树叶从天上飘落下来的效果，如图 5-134 所示。

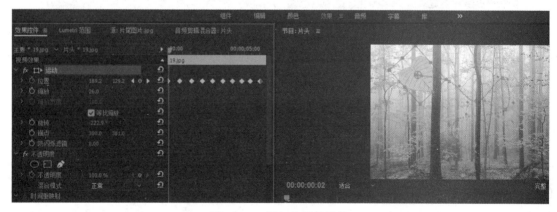

图 5-134　添加位置关键帧

（5）为"19.jpg"图片添加旋转关键帧，实现树叶飘落时的旋转效果，如图5-135所示。

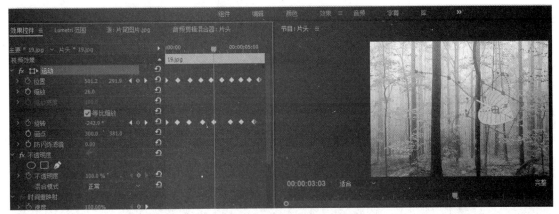

图5-135　添加旋转关键帧

（6）复制一个树叶图片，将树叶缩小，添加位置和旋转关键帧，同样实现树叶从空中飘落的效果，如图5-136所示。

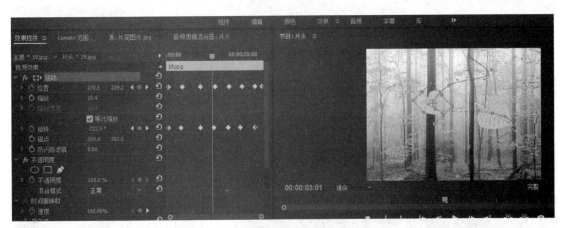

图5-136　添加位置和旋转关键帧

（7）将"6.jpg"图片拖放到视频轨道"V3"中，将"49.jpg"图片拖放到视频轨道"V4"中，分别设置图片的位置关键帧，让图片由下往上移动，最后出现"57.jpg"图片，并设置图片的缩放关键帧，此时"片头"序列制作完成，如图5-137所示。

（8）新建序列"片中"。

（9）将"年轮.jpg"图片拖放到视频轨道"V1"中。在此图片上添加"视频效果"→"风格化"→"查找边缘"效果，如图5-138所示。

（10）添加关键帧，设置"查找边缘"效果的"与原始图像混合"属性值为0～100，实现图片由边缘最终呈现出清晰的年轮图片的效果，如图5-139所示。

（11）新建一个"箭头"静态字幕，在字幕窗口，利用"线工具"和"三角形工具"绘制一个白色箭头图形，放置年轮图片的上方，如图5-140所示。

图 5-137　添加位置和旋转关键帧

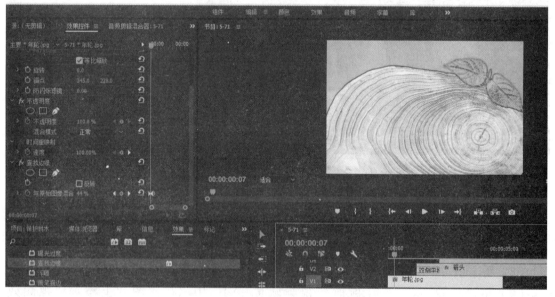

图 5-138　添加"查找边缘"效果

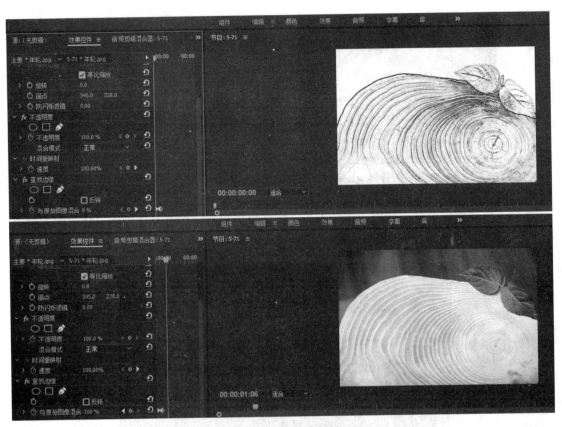

图 5-139 添加关键帧

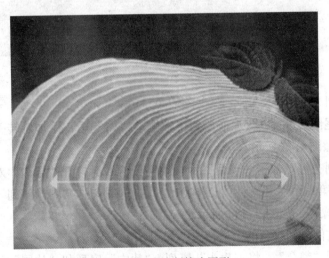

图 5-140 绘制箭头图形

（12）为"箭头"静态字幕的形状添加"视频过渡"→"擦除"→"双侧平推门"效果，实现箭头从中间逐渐展开的效果，如图 5–141 所示。

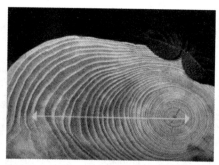

图 5–141　添加"双侧门平推"效果

（13）新建静态字幕，利用"矩形工具"绘制白色矩形。输入宣传标语"这段距离树木用了四十年，锯子用了四十秒"，如图 5–142 所示。

图 5–142　添加宣传标语

（14）新建序列"片尾"。

（15）将"片尾图片 .jpg"图片拖放到视频轨道"V1"中，添加旋转关键帧，让图片左右摇摆后停止，如图 5–143 所示。

（16）添加序列文件。双击"项目"面板的空白区域，打开"导入"对话框，打开"序列"文件夹，选择第一个序列文件"a2_6001.tga"，同时勾选"图像序列"复选框，则完成了导入序列文件的操作，如图 5–144 所示。

（17）将序列文件放到舞台的合适位置，如图 5–145 所示。

（18）新建序列"整合"，将"片头"序列、"片中"序列和"片尾"序列拖放到视频轨道"V1"中，如图 5–146 所示。

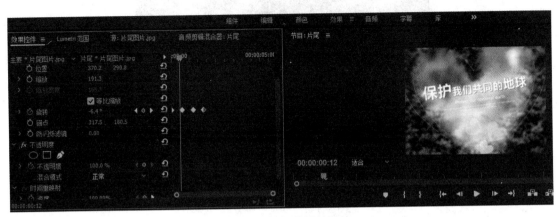

图 5-143　添加旋转关键帧

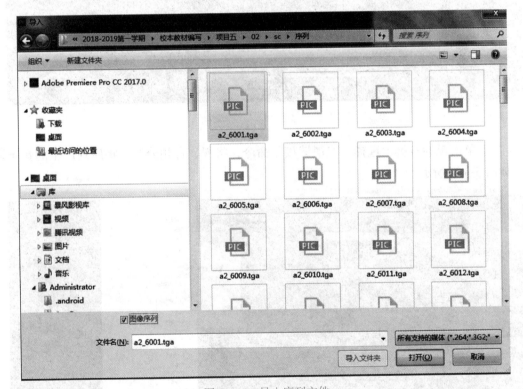

图 5-144　导入序列文件

图 5-145　放置序列文件

图 5-146　整合"片头""片中"和"片尾"序列

（19）单击鼠标右键，选择"取消链接"命令，将视、音频分开，将序列产生的音频删除，如图 5-147 所示。

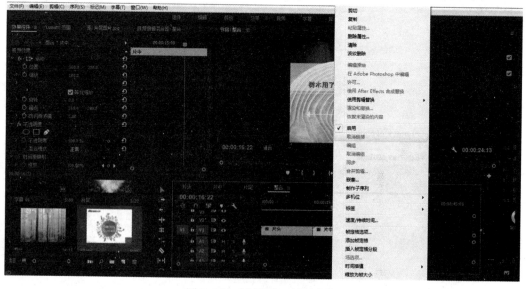

图 5-147　取消视、音频链接

（20）添加背景音乐，导出影片"公益性宣传片环境树木 .mp4"。

【拓展项目——婚纱电子相册的制作】

参考样片，利用多种视频特效和视频转场特效，结合多个序列制作婚纱电子相册，要求照片展示新颖多样，视频特效的参数设置合理。其效果如图 5-148 所示。

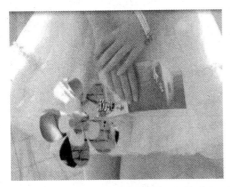

图 5-148　婚纱电子相册效果

项目六

动画片宣传——字幕设置

项目描述

　　本项目制作儿童动画片片头字幕，使读者能够掌握在 Premiere Pro CC 2017 中创建和打开字幕的基本操作，并了解使用 Premiere CC CC2017 制作字幕的大致流程。其效果如图 6-1 所示。

图 6-1　儿童动画片片头字幕效果

项目目标

　1．知识目标

（1）了解电视广告的构思创意、设计要求；

（2）掌握利用字幕编辑面板绘制图形的方法；

（3）掌握利用字幕编辑面板设置字幕的方法；

（4）能够根据素材特点设置适当的视频特效。

2．技能目标

（1）能根据制作要求策划广告短片；

（2）能够利用字幕编辑面板绘制图形；

（3）能够利用字幕编辑面板设置字幕；

（4）能够为不同的素材应用适当的视频特效。

知识链接

　　字幕是影视制作中一个重要的元素，具有表达信息、深化主题、装饰画面的作用。Premiere Pro CC 2017 专门提供了字幕菜单和字幕编辑窗口，用户可以根据需要制作各种文字和图形，也可以通过为字幕添加各种特效，制作出多姿多彩的动态效果。

　　本项目运用 Premiere Pro CC 2017 的字幕功能制作活泼可爱的儿童动画片片头字幕，对 Premiere Pro CC 2017 的字幕功能进行系统的讲解。

- 字幕编辑面板；
- 创建字幕文字对象；
- 创建运动字幕。

6.1 字幕编辑面板

Premiere Pro CC 2017 提供了一个专门用来创建及编辑字幕的字幕编辑面板，如图 6-2 所示。

1. 字幕工具栏

字幕工具栏位于字幕设计面板的左上方，其中包含创建和编辑字幕的各种工具，使用这些工具可以轻松地创建和编辑字幕、绘制和编辑几何图形，如图 6-3 所示。

2. 字幕动作栏

字幕动作栏位于字幕设计面板的左下方，使用字幕动作栏中的按钮可以快速、准确地排列字幕和图形。字幕动作栏分为"对齐""居中"和"分布" 3 部分，如图 6-4 所示。

3. 字幕属性栏

字幕属性栏主要用于设置字幕的运动类型、字体、加粗、斜体、下划线等，如图 6-5 所示。

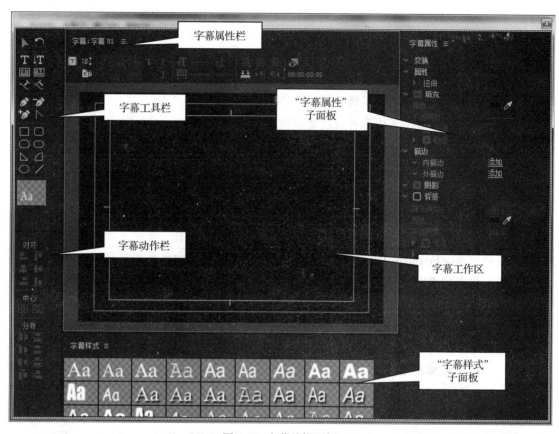

图 6-2　字幕编辑面板

图 6-3　字幕工具栏

图 6-4　字幕动作栏

图 6-5　字幕属性栏

4. 字幕工作区

　　字幕工作区是进行字幕制作和绘制图形的工作区，它位于字幕编辑面板中的中心，在字幕工作区中有两个白色的矩形线框，其中内线框是字幕安全框，外线框是字幕动作安全框。如果文字或者图像放置在字幕动作安全框之外，那么在一些 NTSC 制式的电视中将不会被显示出来，即使能够显示，也很可能出现模糊或者变形现象，因此，在创建字幕时最好将文字和图像放置在字幕安全框之内，如图 6-6 所示。

图 6-6 字幕工作区

5."字幕属性"子面板

创建字幕以后，可在位于字幕编辑面板右侧的"字幕属性"子面板中设置文字的具体属性参数，"字幕属性"子面板分为"变换""属性""填充""描边""阴影"和"背景"6部分。

6."字幕样式"子面板

在 Premiere Pro CC 2017 中，使用"字幕样式"子面板可以制作出非常丰富的字幕效果，"字幕样式"子面板位于字幕编辑面板的中下部，里面包含各种已经设置好的文字效果和多种字体，用户可以直接选择合适的文字样式，再进一步加工，可以快速得到所需效果，如图6-7 所示。

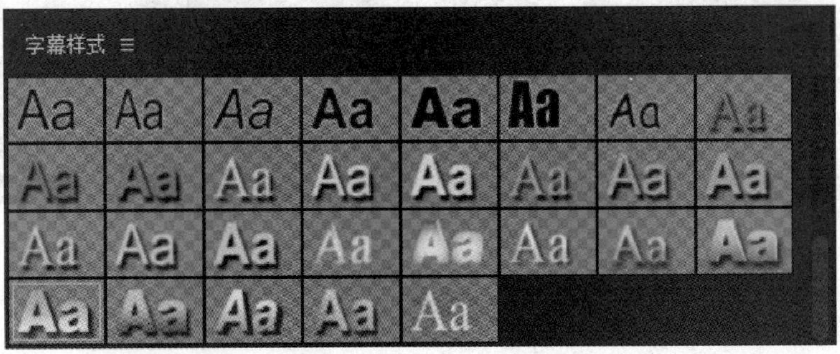

图 6-7 "字幕样式"子面板

6.2 创建字幕文字对象

1. 创建水平或垂直排列文字

打开字幕编辑面板后，可以根据需要，利用字幕工具箱中的"文字工具"和"垂直文字工具"创建水平或者垂直排列文字，如图 6-8 所示。

图 6-8 水平或垂直排列文字效果图

2. 创建路径文字

利用字幕工具箱中的"路径文字工具"或者"垂直路径文字工具"可以创建路径文字，如图 6-9 所示。

图 6-9 路径文字效果

3. 创建段落文字

利用字幕工具箱中的"区域文字工具"和"垂直区域文字工具"，可以创建段落文字，如图 6-10 所示。

图 6-10 段落文字效果

6.3 创建运动字幕

单击字幕属性栏中的"滚动 / 游动选项（R）…" ▤ 按钮，弹出"滚动 / 游动选项"对话框，如图 6-11 所示。

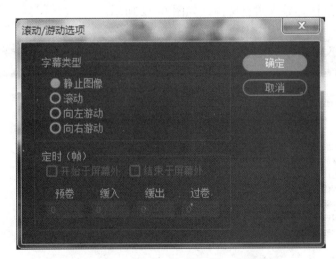

图 6-11 "滚动 / 游动选项"对话框

参数详细介绍如下：

（1）静止图像：设置旁边字幕为静态，此为默认设置。

（2）滚动：设置字幕从下向上垂直滚动显示。

（3）向左游动：设置字幕从右向左横向游动显示。

（4）向右游动：设置字幕从左向右横向游动显示。

（5）开始于屏幕外：设置字幕从屏幕外开始进入画面。

（6）结束于屏幕外：设置字幕移动出屏幕外结束。

（7）预卷：设置停留多长时间后字幕开始运动。

（8）缓入：设置字幕运动开始时由慢到快的时长。

（9）缓出：设置字幕运动结束前由快到慢的时长。

（10）过卷：设置字幕结束前静止的时长。

【知识拓展】

通过路径字幕和字幕属性的设置，对齐和排列字幕，完成儿童动画片片头的制作。将素材文件"大闹天空.jpg"作为背景，制作路径字幕和两个普通字幕。利用字幕属性，设计字幕的文本样式，效果如图6-1所示。

【项目实现】

操作步骤如下：

（1）打开Premiere Pro CC 2017，弹出"新建项目"界面，输入名称"zm01"，单击"浏览"按钮设置位置为"D:\影视后期\项目六\01"，单击"确定"按钮。

（2）在"项目控制"面板中单击鼠标右键，弹出"新建序列"对话框，在左侧的列表中展开"DV-PAL"选项，选择"标准48 KHz"模式，单击"确定"按钮。

（3）选择"文件"→"导入"命令，弹出"导入"对话框，选择"大闹天空.jpg"文件，单击"打开"按钮，导入素材文件，如图6-12所示。

图6-12 "导入"对话框

导入后的文件将排列在"项目"面板中，如图6-13所示。

图6-13 "项目"面板

（4）在"项目"面板中，选择"大闹天空.jpg"文件，并将其拖拽到"时间线"面板的视频轨道"V1"中，如图6-14所示。

图6-14 "时间线"面板

在"节目"面板中预览效果，如图6-15所示。

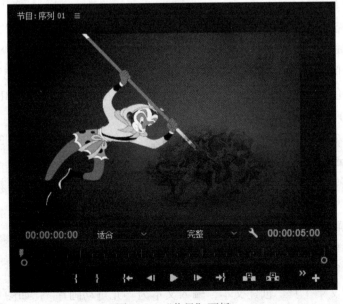

图6-15 "节目"面板

（5）选择"字幕"→"新建字幕"→"默认静态字幕"选项，如图6-16所示。弹出"新建字幕"对话框，设置名称为"大闹天空"，如图6-17所示。

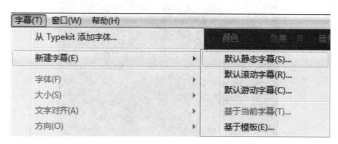

图6-16 "默认静态字幕"选项

图6-17 "新建字幕"对话框

（6）在字幕编辑面板中，利用"路径文字工具"创建文本路径，利用锚点工具调整路径形状，如图6-18所示。

（7）使用"路径文字工具"创建文本，输入文本为"大闹天宫"，如图6-19所示。

（8）设置"属性"→"字体系列"为"华文琥珀"，"字体大小"为"48"，"字偶间距"为"76"，"字符间距"为"-83"，"基线位移"为"-17"；设置"填充"→"填充类型"为"实底"，"颜色"为"#FFCB30"；设置"阴影"→"颜色"为"#7FBFD3"，"大小"为"10"，如图6-20所示。

（9）添加"外描边"选项，设置"类型"为"边缘"，"大小"为"30"，"填充类型"为"实底"，"不透明度"为"80%"，如图6-21所示。

（10）关闭字幕。在"项目"面板中，选择"大闹天空"字幕文件，并将其拖拽到"时间线"面板中的"视频2"轨道中，如图6-22所示。

在"节目"面板中预览效果，如图6-23所示。

（11）选择"字幕"→"新建字幕"→"默认静态字幕"选项，弹出"新建字幕"对话框，设置名称为"儿童动画片"，如图6-24所示。

（12）使用"文字工具"创建文本，输入文本为"儿童动画片"，如图6-25所示。

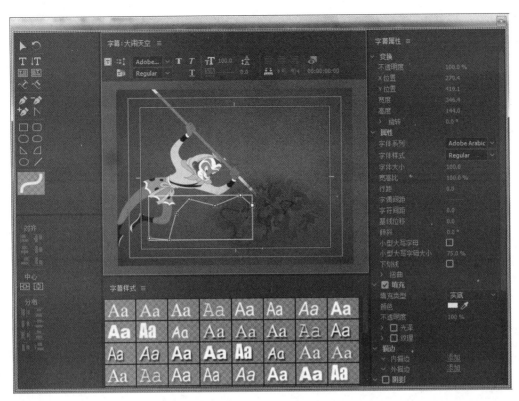

图 6-18 字幕编辑面板

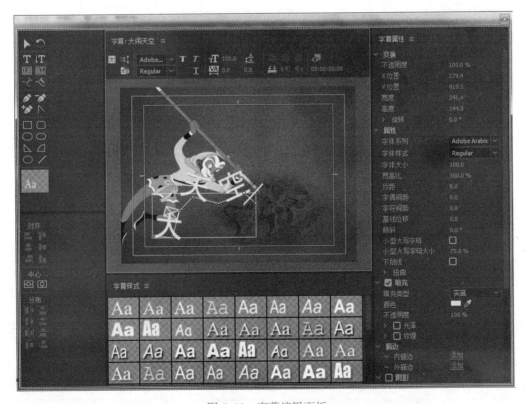

图 6-19 字幕编辑面板

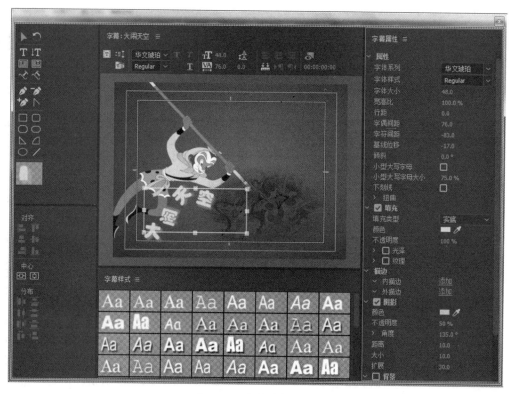

图 6-20　字幕编辑面板

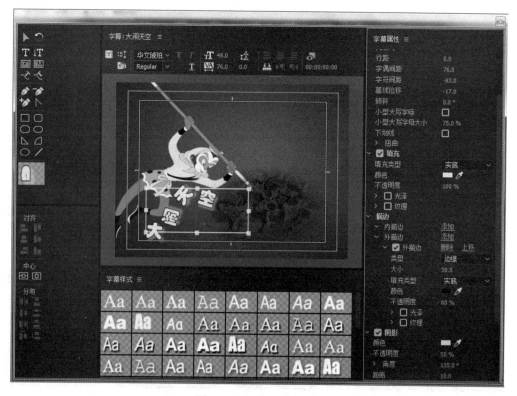

图 6-21　字幕编辑面板

图 6-22 "时间线"面板

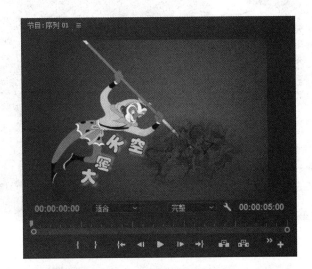

图 6-23 "节目"面板

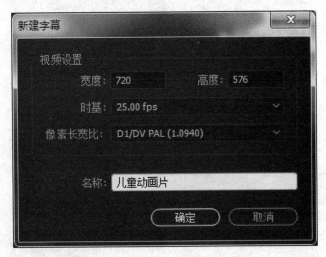

图 6-24 "新建字幕"对话框

（13）单击"字幕样式"子面板中的最后一行第 4 个字幕样式，如图 6-26 所示。

（14）设置"属性"→"字体系列"为"华文琥珀"，"字体大小"为"70"，如图 6-27 所示。

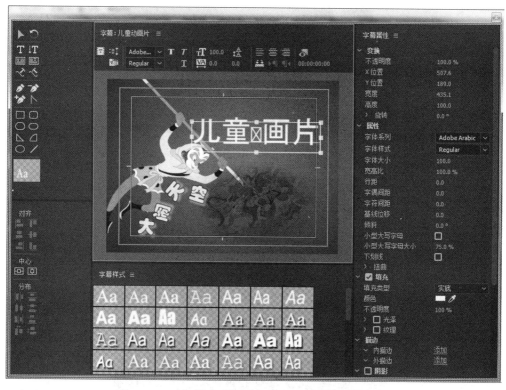

图 6-25　字幕编辑面板

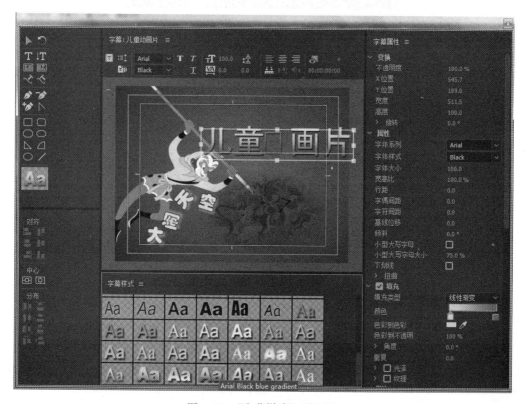

图 6-26　"字幕样式"子面板

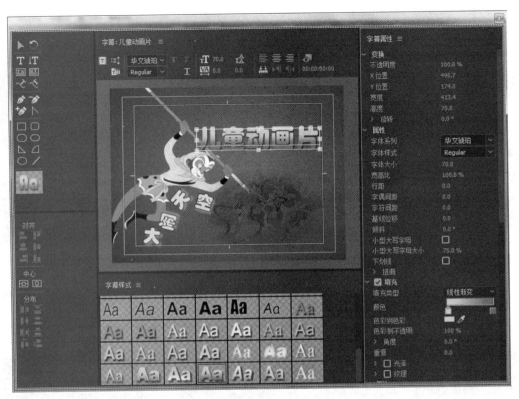

图 6-27　字幕编辑面板

（15）单击字幕属性栏中的"滚动 / 游动选项（R）…"  按钮，弹出"滚动 / 游动选项"对话框，设置"字幕类型"为"向右游动"，设置"定时（帧）"为"开始于屏幕外"，如图 6-28 所示，单击"确定"按钮。

（15）单击字幕属性栏中的"基于当前字幕新建字幕"按钮，如图 6-29 所示。

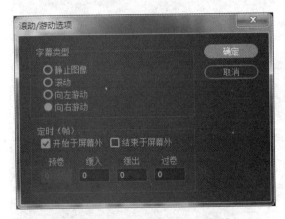

图 6-28　"滚动 / 游动选项"对话框

图 6-29　"基于当前字幕新建字幕"按钮

在弹出的"新建字幕"对话框中，输入名称为"日期"，如图 6-30 所示。

（17）单击字幕属性栏中的"滚动 / 游动选项（R）…" 按钮，弹出"滚动 / 游动选项"对话框，将"字幕类型"修改为"向左游动"，单击"确定"按钮，如图 6-31 所示。

图 6-30 "新建字幕"对话框　　　　图 6-31 "滚动/游动选项"对话框

（18）将"儿童动画片"文字修改为"2018.12.25"，设置"字体大小"为"40"，将其移动到原始位置的下方，如图 6-32 所示。

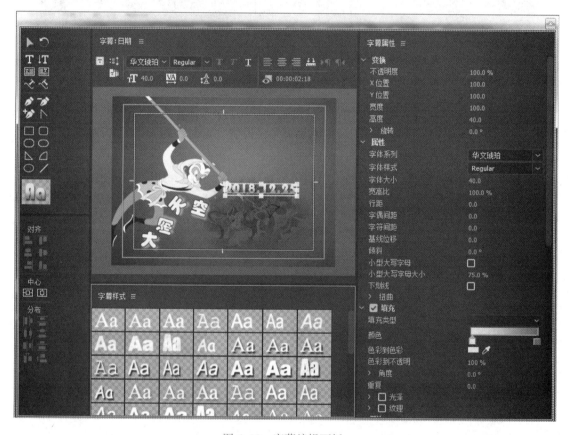

图 6-32 字幕编辑面板

（19）关闭字幕。在视频轨道上单击鼠标右键，在弹出的菜单中选择"添加单个轨道"命令，添加 1 个视频轨道，如图 6-33、图 6-34 所示。

图 6-33 "添加单个轨道"命令

图 6-34 "时间线"面板

（20）在"项目"面板中选择"儿童动画片"字幕文件，并将其拖拽到"时间线"面板中的"V3"视频轨道中，在"节目"面板中预览效果，如图 6-35 所示。

图 6-35 "节目"面板和"时间线"面板

（21）在"项目"面板中，选中"日期"字幕文件，并将其拖拽到"时间线"面板的"V4"视频轨道中。在"节目"面板中预览效果，如图 6-36 所示。

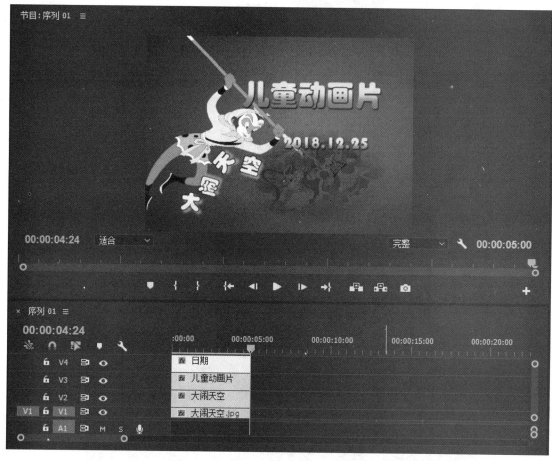

图 6-36 "节目"面板和"时间线"面板

（22）运行，保存。

【课后习题】

1. 如何创建路径文字？
2. 如何使用字幕模板创建字幕？

【巩固项目——节日宣传片倒计时部分的制作】

根据提示步骤自己独立完成节日宣传片倒计时部分。

演示影片效果，分析学习要点。

倒计时的应用场合非常多。Premiere Pro CC 2017 自带的倒计时功能过于单调，没有特色。本项目主要利用字幕功能绘制图形并结合视频转场特效制作节日宣传片倒计时部分，效果如图 6-37 所示。

图 6-37　节日宣传片倒计时部分效果

操作步骤如下：

（1）打开 Premiere Pro CC 2017，弹出"新建项目"界面，输入名称"02"，单击"浏览"按钮设置位置为"D：\影视后期\项目六"，单击"确定"按钮。

（2）在"项目"面板中单击鼠标右键，弹出"新建序列"对话框，在左侧的列表中展开"DV-PAL"选项，选择"标准 48 KHz"模式，单击"确定"按钮。

（3）选择"字幕"→"新建字幕"→"默认静态字幕"选项，如图 6-38 所示，弹出"新建字幕"对话框，设置名称为"红色背景"，如图 6-39 所示。

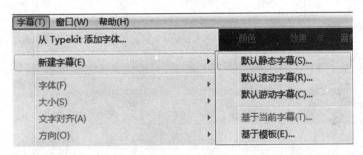

图 6-38　"新建静态字幕"选项

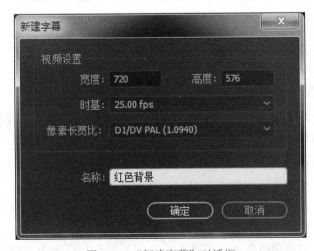

图 6-39　"新建字幕"对话框

单击"确定"按钮，打开字幕编辑面板，如图 6-39 所示。

（4）从左侧工具栏中选择"椭圆工具" ⬭，绘制的时候按住 Shift 键，绘制一个正圆形，设置"属性"→"图形类型"为"开放贝塞尔曲线"，设置"填充"→"颜色"为"黑色（#000000）"，将其转变为一个黑色的正圆线条。选择字幕动作栏中的"中心"→"垂直居中"和"水平居中"选项，将其居中放置，如图 6-40 所示。

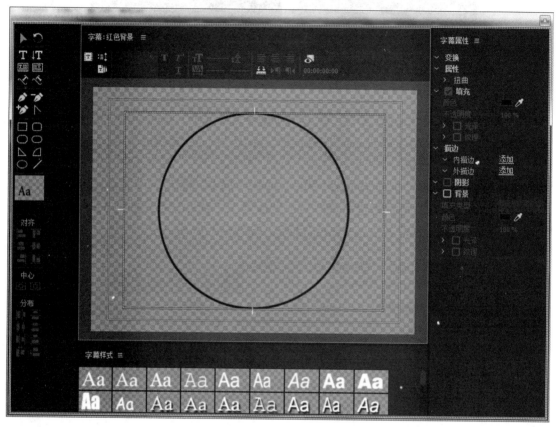

图 6-40　字幕编辑面板

（5）选中黑色的正圆线条，按"Ctrl+C"组合键进行复制，在空白的地方单击，按"Ctrl+V"组合键进行粘贴。选中粘贴后的正圆线条，在按住 Shift 和 Alt 键的同时使用鼠标进行缩放。两个正圆线条均居中放置，如图 6-41 所示。

（6）从左侧工具栏中选择"直线工具" ╱，绘制的时候按住 Shift 键，绘制一条水平的直线和一条垂直的直线，设置"填充"→"颜色"为"黑色（#000000）"。选择字幕动作栏中的"中心"→"垂直居中"和"水平居中"选项，将其居中放置，如图 6-42 所示。

（7）从左侧工具栏中选择"矩形工具"工具 ▢，绘制一个大矩形，使其充满屏幕，设置"填充"→"颜色"为"暗红色（#7D0000）"。单击鼠标右键，选择"排列"→"移到最后"选项，将其移至最后，如图 6-43 所示。

（8）将小的黑色的正圆线条的"属性"→"图形类型"设置为"填充贝塞尔曲线"，如图 6-44 所示。

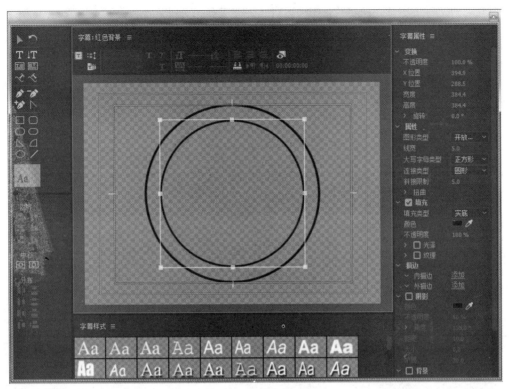

图 6-41 字幕编辑面板

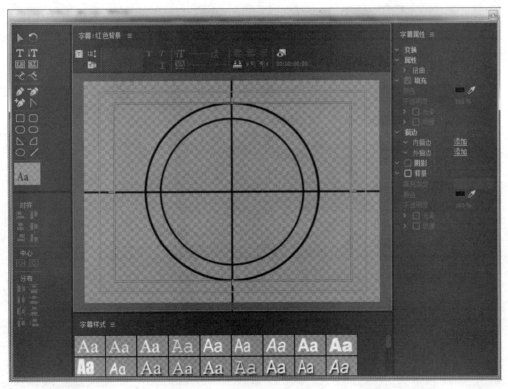

图 6-42 字幕编辑面板

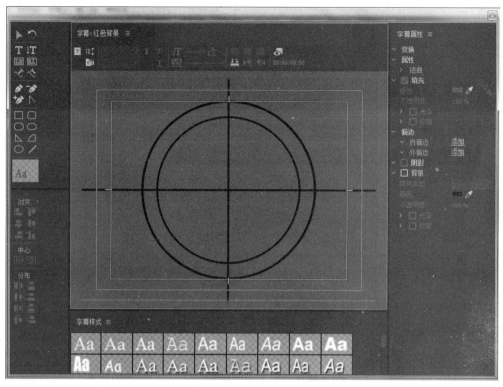

图 6-43　字幕编辑面板

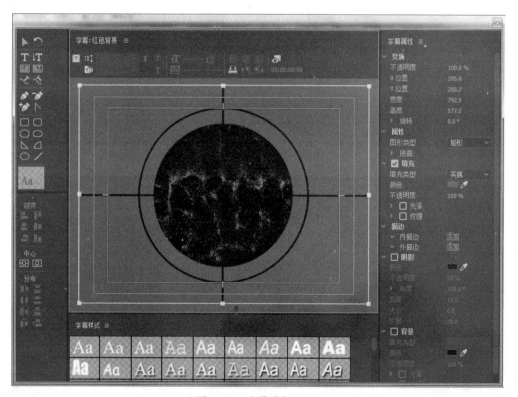

图 6-44　字幕编辑面板

（9）单击字幕编辑面板中的"基于当前字幕新建字幕"按钮，如图6-45所示。

（10）在弹出的"新建字幕"对话框中，设置"名称"为"黑色背景"，如图6-46所示。

图6-45 "基于当前字幕新建字幕"按钮　　　　　图6-46 "新建字幕"对话框

（11）将圆形的轮廓、圆形的填充颜色和两条直线颜色设置为"暗红色（#7D0000）"，将矩形的填充颜色设置为"黑色（#000000）"，如图6-47所示。

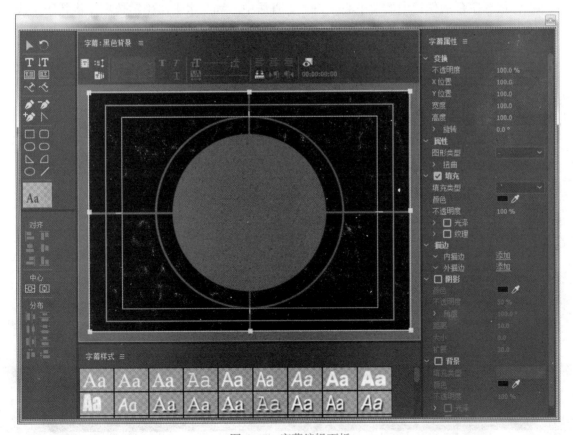

图6-47 字幕编辑面板

（12）选择"字幕"→"新建"→"默认静态字幕"选项，打开"新建字幕"对话框，设置"名称"为"5"，单击"确定"按钮，如图6-48所示。

图6-48 "新建字幕"对话框

（13）从左侧的工具栏中选择"文字工具" T ，在字幕编辑面板中建立数字"5"，设置"属性"→"字体系列"为"Arial"，"属性"→"字体样式"为"Black"，"属性"→"字体大小"为"300"，"属性"→"倾斜"为"15°"，"属性"→"基线位移"为"-40"，选择字幕动作栏中的"中心"→"垂直居中"和"水平居中"选项，将其居中放置，如图6-49所示。

图6-49 字幕编辑面板

（14）为其设置一个渐变颜色，设置"填充"→"填充类型"为"四色渐变"，右上角和右下角为红色（#FE0000），右上角为浅灰色（#DBD8D8），右下角为暗红色（#7D0000），如图 6-50 所示。

图 6-50　字幕编辑面板

（15）为其设置立体效果，选择"描边"→"外描边"→"添加"命令，设置"填充"→"填充类型"为"深度"，"大小"设为"45"，"角度"为"45°"，"填充类型"为"线性渐变"，其下"颜色"左侧为暗红色（#7D0000），右侧为暗红色（#420000），如图6-51 所示。

（16）制作完数字"5"后，单击"基于当前字幕新建字幕"按钮，如图 6-52 所示。

（17）打开"新建字幕"对话框，输入名称"4"，单击"确定"按钮，如图 6-53 所示。

（18）将字幕编辑面板中原来的"5"更改为"4"，如图 6-54 所示。

（19）同理依次建立字幕"3""2""1"。

（20）选中字幕"5"，单击鼠标右键，选择"速度/持续时间…"选项，打开"剪辑速度/持续时间"对话框，将"持续时间"设为"00：00：01：00"（1秒），如图 6-55 所示。

（21）同理设置字幕"4""3""2""1""红色背景"和"黑色背景"的长度均为1秒。

图 6-51　字幕编辑面板

图 6-52　"基于当前字幕新建字幕"按钮

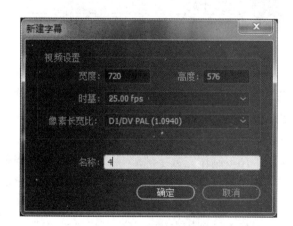

图 6-53　"新建字幕"窗口

　　（22）在"时间线"面板中，将字幕"红色背景"拖至时间线的"V1"轨道中，将字幕"黑色背景"拖至时间线的"V2"轨道中，将字幕"5"拖至时间线的"V3"轨道中，如图6-56所示。

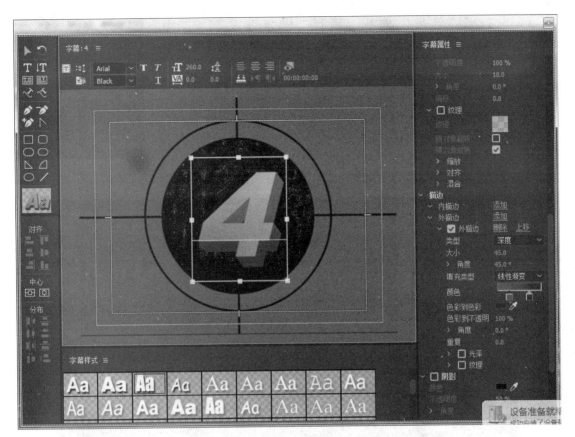

图 6-54 字幕编辑面板

图 6-55 "剪辑速度 / 持续时间"对话框

图 6-56 "时间线"面板

（23）打开"效果"面板，选择"视频过渡"→"擦除"→"时钟式擦除"选项，将其拖至时间线的"V2"轨道中字幕"黑色背景"上，为其添加一个"时钟式擦除"效果，如图6-57和图6-58所示。

（24）同时选中时间线"V1""V2""V3"轨道上的素材，按"Ctrl+C"组合键，将时间指针放至"00：00：01：00"，按4次"Ctrl+V"组合键，如图6-59所示。

图6-57 "效果"面板

图6-58 "时间线"面板

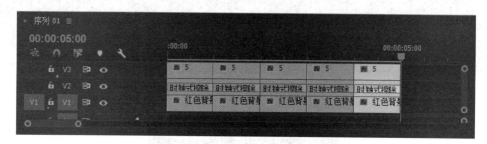

图6-59 "时间线"面板

（25）在"项目"面板中，选中字幕"4"，按 Alt 键将其拖至时间线"V3"轨道中第2个字幕"5"上，将字幕"5"替换成字幕"4"。同理完成其他字幕的替换，如图6-60所示。

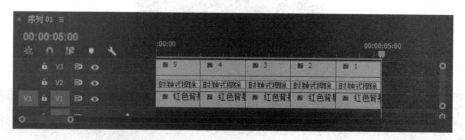

图6-60 "时间线"面板

（26）在"项目"面板中单击鼠标右键选择"导入"命令，打开"导入"对话框，选择"灯笼 .psd"文件，如图6-61所示。

图 6-61 "导入"对话框

（27）单击"打开"按钮，在打开的"导入分层文件：灯笼"对话框中单击"确定"按钮，如图 6-62 所示。

图 6-62 "导入分层文件：灯笼"对话框

（28）选择"灯笼.psd"文件，在右键快捷菜单中选择"速度 / 持续时间…"选项，打开"剪辑速度 / 持续时间"对话框，将"持续时间"设为"00：00：05：00"（5 秒），如图 6-63 所示。

（29）选择"字幕"→"新建"→"默认静态字幕"选项，打开"新建字幕"对话框，将"名称"设置为"新年快乐"，单击"确定"按钮，如图 6-64 所示。

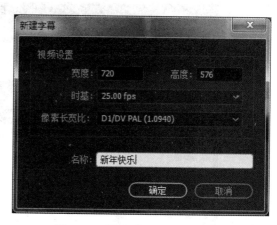

图 6-63 "剪辑速度 / 持续时间"对话框　　　　图 6-64 "导入分层文件"对话框

（30）在字幕编辑面板中单击鼠标右键，选择"图形"→"插入图形"命令，打开"导入图形"对话框，选择"灯笼 .psd"文件，单击"打开"按钮，如图 6-65 所示。

图 6-65 "导入文件"对话框

（31）在字幕编辑面板中，设置灯笼图形的"变换"→"宽度"和"高度"均为"480"。字幕动作栏中的"中心"→"垂直居中"和"水平居中"选项，将其居中放置，如图 6-66 所示。

（32）在左侧的工具栏中选择"文字工具" **T**，在字幕编辑面板中建立文字"新年快乐"，设置"字幕样式"为"Arial Black white outline"，如图 6-67 所示。

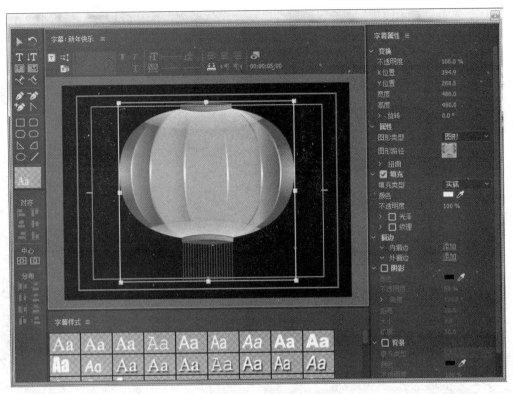

图 6-66　字幕编辑面板

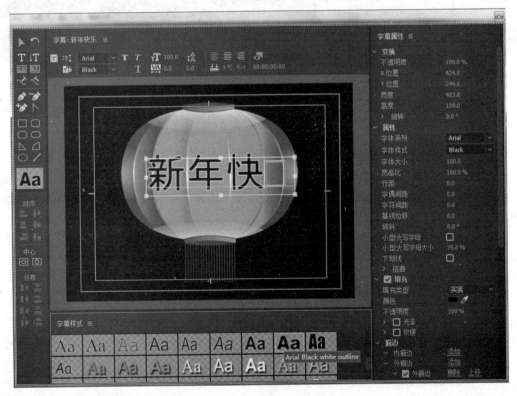

图 6-67　字幕编辑面板

（33）选中"新年快乐"，设置"属性"→"字体系列"为"叶根友毛笔行书 2.0 版"，将鼠标指针移动"新年快乐"至合适处，如图 6-68 所示。

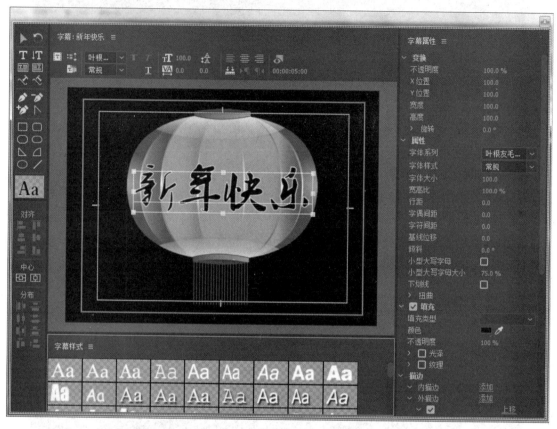

图 6-68　字幕编辑面板

（34）在"项目"面板中单击鼠标右键，选择"新建项目"→"序列"选项，在"新建序列"对话框中选择"DV-PAL"→"标准 -48 kHz"选项，如图 6-69 所示。

（35）将序列 01 和字幕"新年快乐"拖至时间线的"V1"轨道中，如图 6-70 所示。

（36）将"效果"面板中"视频过渡"特效中"溶解"文件夹下的"渐隐为黑色"效果拖至序列 01 和字幕"新年快乐"交界处，在"效果控件"面板中，在"对齐"下拉列表中"中心切入"选项，如图 6-71 ~ 图 6-73 所示。

（37）运行，保存。

图 6-69 "新建序列"对话框

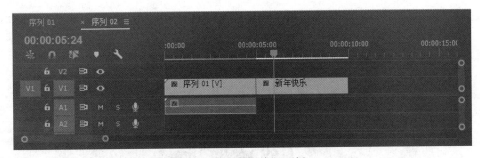

图 6-70 "时间线"面板

图6-71 "效果"面板

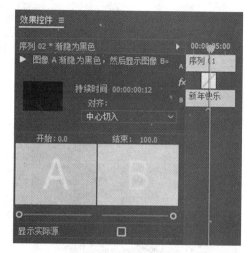

图6-72 "效果控件"面板

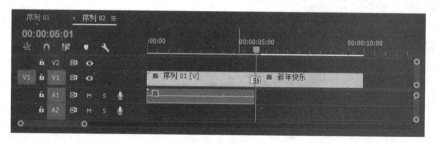

图6-73 "时间线"面板

【拓展项目——节目预告片的制作】

根据某影视制作公司所提供的素材，设计完成节目预告片，效果如图6-74所示。

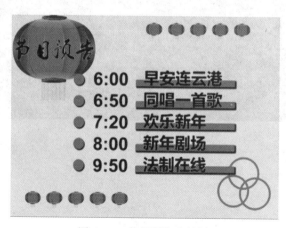

图6-74 节目预告片效果

制作步骤提示如下：

（1）制作 3 个圆，设置关键帧让 3 个圆（大、中、小）不规则地移动，将它们放在一个独立的时间线"转圆"上，作为一个完整的动作，如图 6-75 所示。

图 6-75　节目预告片设计效果

（2）制作字幕"节目预告"，插入灯笼图形，并添加文字"节目预告"，如图 6-76 所示。

图 6-76　字幕编辑面板

（3）制作字幕"五个灯笼1"，将灯笼图形对齐摆放在屏幕右上角，如图6-77所示。

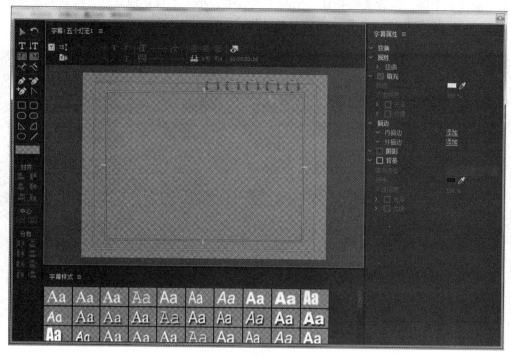

图6-77 字幕编辑面板

（4）同理，制作字幕"五个灯笼2"，如图6-78图所示。

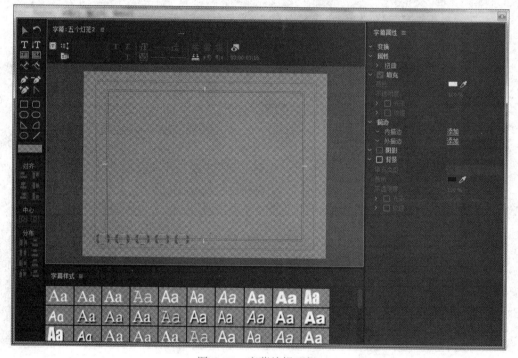

图6-78 字幕编辑面板

（5）制作字幕"红色矩形"，绘制 5 个红色的同样大小的圆和矩形，让 5 个圆和矩形排列整齐，如图 6-79 所示。

图 6-79　字幕编辑面板

（6）制作字幕"背景"，设置颜色为"#E5E5E5"，如图 6-80 所示。

图 6-80　字幕编辑面板

（7）制作字幕"遮条"，设置颜色为"#B00000"，如图 6-81 所示。

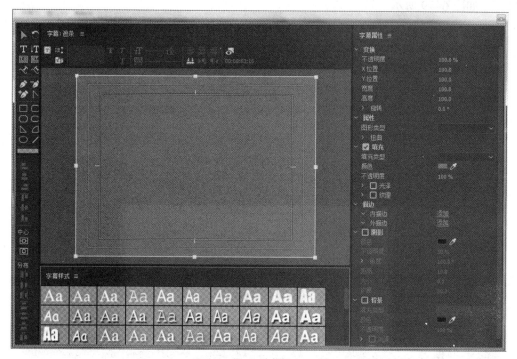

图 6-81　字幕编辑面板

（8）制作字幕"具体节目"，如图 6-82 所示。

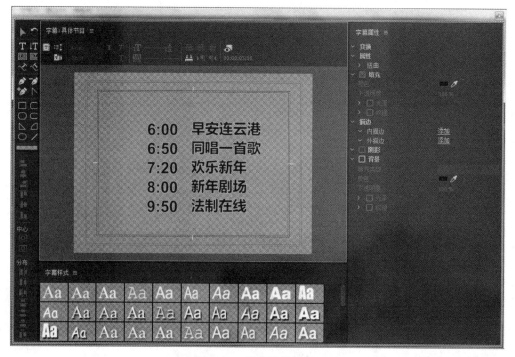

图 6-82　字幕编辑面板

（9）将字幕"背景""节目预告"、序列"转圈"、字幕"五个灯笼1""五个灯笼2""具体节目""遮条"依次拖放到时间线的"V1"～"V8"轨道，并添加相关视频转场特效，如图6-83所示。

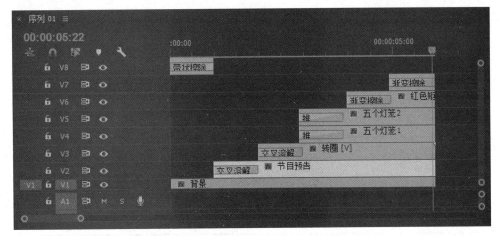

图6-83 "时间线"面板

项目七

制作 MV——音频编辑

项目描述

本项目制作 MV，使读者掌握在 Premiere Pro CC 2017 中使用音轨混合器，并为音频添加转场及其他特效的方法。

项目目标

1. 知识目标

（1）掌握音轨混合器的使用方法；

（2）掌握音频转场及其他特效的设置方法；

（3）掌握音频文件的输出方法。

2. 技能目标

（1）能够通过 Premiere Pro CC 2017 编辑音频素材；

（2）能够为音频素材添加转场及其他特效；

（3）能够为视频作品配音。

知识链接

声音是一部影片不可或缺的组成部分，音频包括人物语言、背景音乐、音效和旁白等多种形式的声音，音频与视频相结合，能够使制作者表达出客观信息和思想情感。Premiere Pro CC 2017 具有强大的音频处理功能，它可以轻松地为影片添加背景音乐、录制配音和旁白等音频文件，可以灵活地为音频素材添加各种音频特效，并且可以像视频素材一样进行剪辑。

本项目以 MTV 的制作配音为例，运用 Premiere Pro CC 2017 强大的音频处理功能录制和编辑音频文件，对 Premiere Pro CC 2017 的音频编辑功能进行全面讲解。

- 音频效果的设置；
- 音频素材的裁剪；
- 音轨混合器调节音频；
- 录音和子轨道；
- 分离和链接视、音频。

7.1　音频效果的设置

在 Premiere Pro CC 2017 中对音频素材进行处理有以下 3 种方式：

（1）在"时间线"面板的音频轨道上通过修改关键帧的方式对音频素材进行操作。

（2）使用菜单命令中相应的命令编辑所选的音频素材。

（3）在"效果"面板中为音频素材添加音频特效来改变音频素材的效果。

对音频的处理步骤：先在"时间线"面板中进行设置，然后应用声音特效，并配合使用音频轨上音源的位移和增益，最后使用"效果控件"面板下的选项对音频素材进行处理。

音频特效的添加方法与视频特效的添加方法相同，这里不再赘述。可以在"效果"面板中展开"音频效果"文件夹，分别在不同的音频特效文件夹中选择音频特效进行设置即可，如图 7-1 所示。

在"音频过渡"文件夹下，Premiere Pro CC 2017 还为音频素材提供了简单的切换方式。音频素材效果的切换方法与视频素材相同，如图 7-2 所示。

7.2　音频素材的裁剪

在 Premiere Pro CC 2017 中，当音乐素材被添加到"时间线"面板中的音频轨道后，音乐的长短和节奏需要与视频轨道中的视频素材匹配。如果音乐太长可以对其进行分割后删除，这个操作可以应用工具箱中的"剃刀工具"来完成；如果音乐太短，可以复制多个，然后根据视频需要进行适当调整，如图 7-3 所示。

图 7-1 "音频效果"文件夹

图 7-2 "音频过渡"文件夹

图 7-3 工具箱面板

7.3 音轨混合器调节音频

音轨混合器由若干个轨道控制器、音频控制器和播放控制器组成，如图 7-4 所示。每个轨道控制器由控制按钮、调节滑轮及调节滑杆组成；音频控制器用于调节其相对轨道上的音频对象；播放器控制器用于播放音频。

单击"音轨混合器"面板右上方的按钮，在弹出的列表中进行相关设置。"音轨混合器"面板可以实时混合"时间线"面板中各轨道的音频对象。用户可以在音轨混合器面板中选择相应的音频控制器进行调节，即调节"时间线"面板中对应的音频对象。

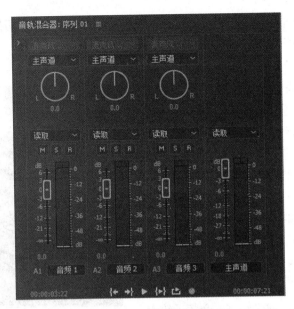

图7-4　音轨混合器

7.4　录音和子轨道

　　使用录音功能，首先必须保证计算机的音频输入装置被正确连接。可以使用麦克风或者其他 MIDI 设备在 Premiere Pro CC 2017 中录音，录制的声音会成为音频轨道上的一个音频素材，还可以将这个音频素材输出保存为一个兼容的音频格式文件。

　　录音方法如下：

　　（1）选择"音频"→"音轨混合器"选项。

　　（2）按 R 键，激活所选音频轨道的录音。如果没有选择麦克风会提示选择麦克风，或者可以更改麦克风。然后单击右下角的红色圆圈按钮（即"录音"按钮），如图7-5所示。

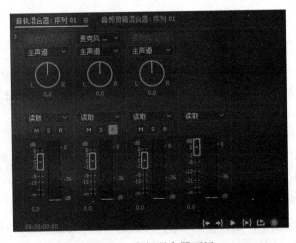

图7-5　音频混合器面板

（3）此时并没有进行录制，按下面一栏最中间的"播放/停止切换"按钮 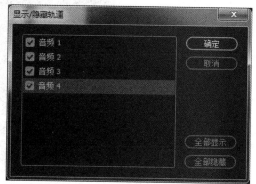，即可进行录制，再按一次为停止。

添加与设置音频子轨道方法如下：

（1）单击音轨混合器面板左侧的 ▶ 按钮，展开特效和音频子轨道设置栏。下边的 ◢ 区域用来添加音频子轨道。在音频子轨道区域单击小三角形，会弹出音频子轨道下拉列表。

（2）在音频子轨道下拉列表中选择添加音频子轨道的方式。可以添加一个单声道子混合、立体声子混合、5.1子混合声道或者创建自适应子混合的子轨道，选择音频子轨道类型后，即可为当前音频轨道添加子轨道。

（3）单击音频子轨道调节栏右上角图标 ▤，选择"显示/隐藏轨道"命令，打开"显示/隐藏轨道"对话框，可以显示或隐藏当前音频子轨道，如图7-6所示。

图7-6 "显示/隐藏轨道"对话框

7.5 分离和链接视、音频

在编辑工作中，经常需要将"时间线"面板中的视、音频链接素材的视频和音频部分进行分离。用户可以完全打断或者暂时释放视、音频链接素材的链接关系并重新设置其各部分。

【知识拓展】

视频与音频的综合应用。

【项目实现】

给视频添加超重低音效果，效果如图7-7和图7-8所示。

（1）打开Premiere Pro CC 2017，弹出"新建项目"界面，输入名称"01"，单击"浏览"按钮，设置位置为"D:\影视后期\项目七"，单击"确定"按钮。

（2）在"项目"面板中单击鼠标右键，弹出"新建序列"对话框，在左侧的列表中展开"DV-PAL"选项，选择"标准48 kHz"模式，单击"确定"按钮。

（3）选择"文件"→"导入"命令，弹出"导入"对话框，选择"01.mp4""02.mp4"文件，单击"打开"按钮，导入素材文件，如图7-9所示。

导入后的文件排列在"项目"面板中，如图7-10所示。

（4）在"项目"面板中，选择"01.mp4"文件，并将其拖拽到"时间线"面板中的"视频1"轨道中，如图7-11所示。

图 7-7 画面效果

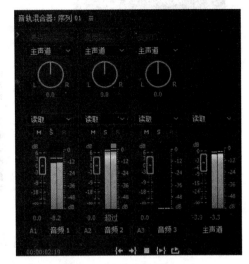

图 7-8 "音轨混合器"面板

图 7-9 "导入"对话框

图 7-10 "项目"面板

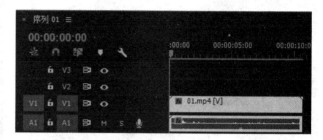

图 7-11 "时间线"面板

在"节目"面板中预览效果，如图 7-12 所示。

图 7-12 "节目"面板

（5）选择"效果控件"面板，展开"运动"选项，将"缩放"选项设置为 80，如图 7-13 所示。

在"节目"面板中预览效果，如图 7-14 所示。

（6）选择"窗口"→"工作区"→"效果"选项，弹出"效果"面板，展开"视频效果"文件夹，单击"调整"文件夹前面的三角形按钮▶将其展开，选择"色阶"特效，如图 7-15 所示。将"色阶"特效拖拽到"时间线"面板中视频轨道"V1"的"01.mp4"文件上，如图 7-16 所示。

（7）选择"效果控件"面板，展开"色阶"特效，将"（RGB）输入黑色阶"选项设置为"20"，将"（RGB）输入白色阶"选项设置为"200"，其他设置如图 7-17 所示。在"节目"面板中预览效果，如图 7-18 所示。

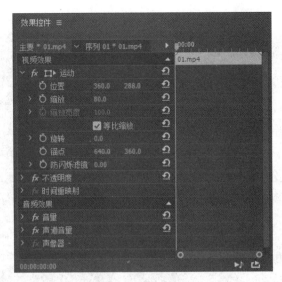

图 7-13 "效果控件"面板

图 7-14 "节目"面板

图 7-15 "效果"面板

图 7-16 "时间线"面板

图 7-17 "效果控件"面板

图 7-18 "节目"面板

（8）单击时间线"序列 01"窗口中视频轨道"V1"中的"01.mp4"文件，单击鼠标右键，在弹出的快捷菜单中选择"取消链接"命令，选择音频轨道"A1"中的音频素材，按 Delete 键，删除音频素材，如图 7-19 所示。

（9）在"项目"面板中，选择"02.mp4"文件，单击鼠标右键，在弹出的快捷菜单中选择"在源监视器中打开"命令，如图 7-20 所示。在"源"面板中试听音乐内容后，在 06：12 s 的位置单击"标记入点"按钮，在 17：03 s 的位置单击"标记出点"按钮，如图 7-21 所示。

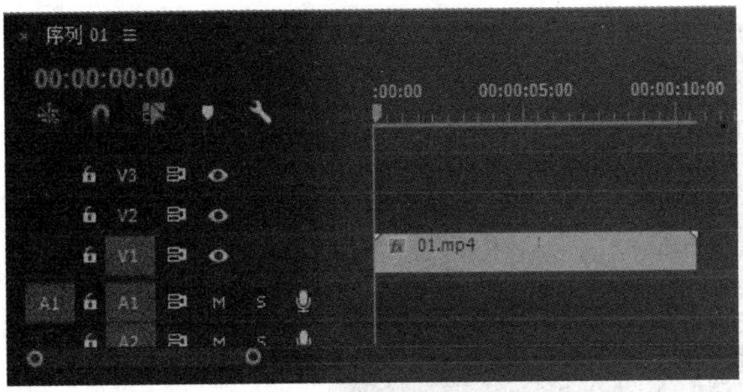

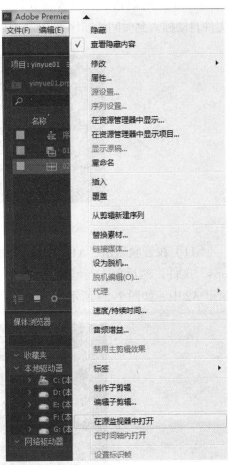

图 7-20 "在源监视器中打开"命令

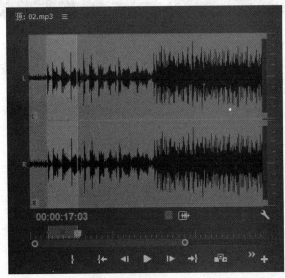

图 7-19 "时间线"面板

图 7-21 "源"面板

（10）将时间指示器放置在0 s的位置，在"源"面板中单击"覆盖"按钮，"02.mp4"文件自动插入到时间线"序列01"窗口中音频轨道"A1"中，如图7-22所示。

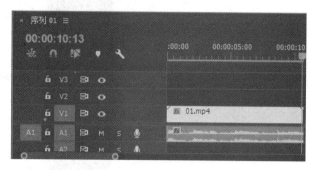

图7-22 "时间线"面板

（11）在音频轨道"A1"中选择"02.mp4"音频文件，按"Ctrl+C"组合键，复制"02.mp4"文件，然后单击音频轨道"A2"，按"Ctrl+V"组合键，粘贴"02.mp4"文件到音频轨道A2中，如图7-23所示。

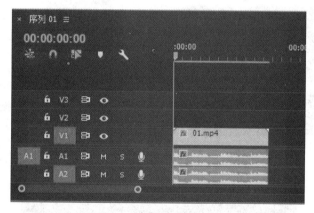

图7-23 "时间线"面板

（12）在音频轨道"A2"中的"02.mp4"文件上单击鼠标右键，在弹出的快捷菜单中选择"重命名"命令，在弹出的"重命名剪辑"对话框中输入"低音效果"，如图7-24所示，单击"确定"按钮。

图7-24 "重命名剪辑"对话框

（13）选择"窗口"→"工作区"→"效果"选项，弹出"效果"面板，展开"音频效果"文件夹，选择"低通"特效，如图7-25所示。将"低通"特效拖拽到"时间线"面板中的"低音效果"文件上。

（14）选择"效果控件"面板中展开"低通"特效，将"屏蔽值"选项设置为"500.0 Hz"，如图 7-26 所示。在"节目"面板中预览效果，如图 7-27 所示。

图 7-25　"效果"面板中的"音频效果"文件夹

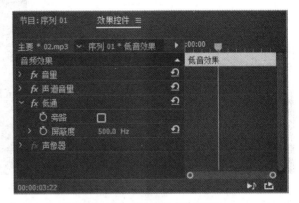

图 7-26　"效果控件"面板

图 7-27　"节目"面板

（15）选中"低音效果"文件，单击鼠标右键，在弹出的快捷菜单中选择"音频增益"选项，在弹出的"音频增益"对话框中将增益值设置为 15 dB，如图 7-28 所示，单击"确定"按钮。

（16）选择"窗口"→"音轨混合器"选项，打开音轨混合器面板。播放试听最终音频效果时会看到音频轨道"A2"的电平显示，这个声道是低音频，可以看到低音的电平很强，而实际听到的音频中低音效果也非常丰满，如图 7-29 所示。

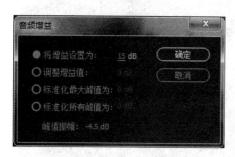

图 7-28 "音频增益"对话框

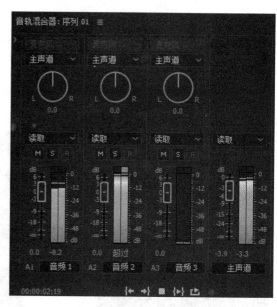

图 7-29 "音频轨道混合器"面板

至此，超重低音效果制作完成。

【课后习题】

1. 如何添加音频特效？
2. 如何分离和链接视、音频？

【巩固项目——特效 MV 的制作】

利用所提供的素材制作一部特效 MV 作品。

效果如图 7-30 "剪辑效果编辑器"面板如图 7-31 所示。

图 7-30 特效 MV 效果

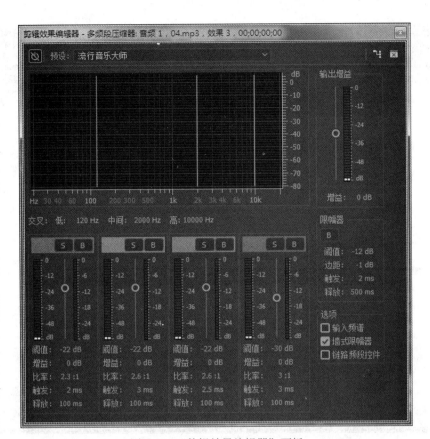

图 7-31 "剪辑效果编辑器"面板

操作步骤如下：

（1）打开 Premiere Pro CC 2017，弹出"新建项目"界面，输入名称"02"，单击"浏览"按钮，设置位置为"D：\影视后期\项目七"，单击"确定"按钮。

（2）在"项目"面板中单击鼠标右键，弹出"新建序列"对话框，在左侧的列表中展开"DVCPR050\480i"选项，选择"DVCPR050 NTSC 标准"模式，单击"确定"按钮。

（3）选择"文件"→"导入"命令，弹出"导入"对话框，选择"03.mp4"文件，如图 7-32 所示，单击"打开"按钮，导入视频文件。导入后的文件将排列在"项目"面板中，如图 7-33 所示。

（4）在"项目"面板中，选中"03.mp4"文件，并将其拖拽到"时间线"面板的"V1"视频轨道中，弹出剪辑不匹配警告对话框，选择"保持现有设置"选项，如图 7-34 所示。

（5）选择视频轨道"V1"中的"03.mp4"文件，选择"效果控件"面板，展开"运动"选项，将"缩放"选项设置为 67，如图 7-35 所示。在"节目"面板中预览效果，如图 7-36 所示。

（6）选择"窗口"→"工作区"→"效果"选项，弹出"效果"面板，展开"视频效果"文件夹，单击"颜色校正"文件夹前面的三角形按钮▶将其展开，选择"亮度与对比度"特效，如图 7-37 所示。将"亮度与对比度"特效拖拽到时间线"序列 01"窗口中视频轨道"V1"的"03.mp4"文件上，如图 7-38 所示。

图 7-32 "导入"对话框

图 7-33 "项目"面板

图 7-34 "剪辑不匹配警告"对话框

图 7-35 "效果控件"面板

图 7-36 "节目"面板

图 7-37 "颜色校正"文件夹

图 7-38 "时间线"面板

（7）选择"效果控件"面板，展开"亮度与对比度"特效，将"亮度"选项设置为5，将"对比度"选项设置为10，如图7-39所示。在"节目"面板中预览效果，如图7-40所示。

（8）单击时间线"序列01"窗口中视频轨道"V1"的"03.mp4"文件，单击鼠标右键，在弹出的快捷菜单中选择"取消链接"命令，选择音频轨道"A1"的音频素材，按Delete键，删除音频素材，如图7-41所示。

（9）在"项目"面板中，选择"04.mp4"文件，并将其拖拽到"时间线"面板的音频轨道"A1"中，如图7-42所示。将时间指示器放置在12：00 s的位置，在音频轨道"A1"中选择"04.mp4"文件，将鼠标指针放在"02"文件的尾部，向前拖拽到12：00 s的位置上，如图7-43所示。

图 7-39 "效果控件"面板

图 7-40 "节目"面板

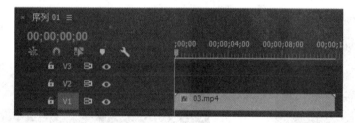

图 7-41 "时间线"面板

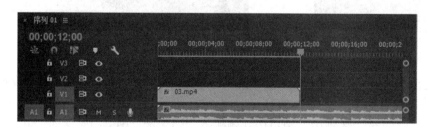

图 7-42 "时间线"面板

图 7-43 "时间线"面板

（10）选择"效果"面板，展开"音频效果"文件夹，选择"多频段压缩器"特效，如图 7-44 所示。将"多频段压缩器"特效拖拽到音频轨道"A1"的"04.mp4"文件上，如图 7-45 所示。

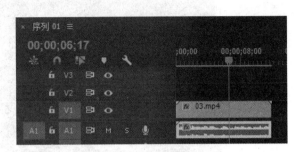

图 7-44 "音频效果"文件夹　　　　　　　　　图 7-45 "时间线"面板

（11）选择"效果控件"面板，展开"多频段压缩器"特效，如图 7-46 所示。单击"自定义设置"右面的编辑按钮，弹出"剪辑效果编辑器"面板，在"预设"下拉列表中选择"流行音乐大师"选项，如图 7-47 所示。

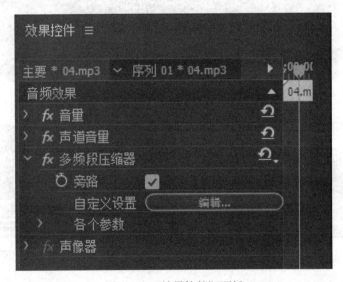

图 7-46 "效果控件"面板

（12）选择"效果"面板，展开"音频效果"文件夹，选择"延迟"特效，如图 7-48 所示。将"延迟"特效拖拽到音频轨道"A1"的"04.mp4"文件上，如图 7-49 所示。

（13）选择"效果控制"面板，展开"延迟"特效，将"延迟"选项设置为"0.200 秒"，其他选项设置如图 7-50 所示。

（14）音频效果制作完成，在"节目"面板中预览效果，如图 7-51 所示。

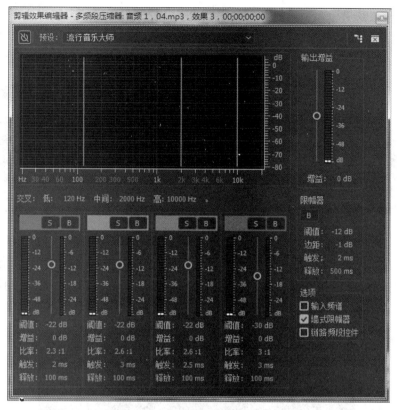

图 7-47　"剪辑效果编辑器"面板

图 7-48　"延迟"特效

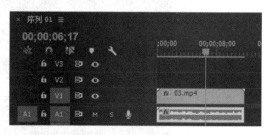

图 7-49　"时间线"面板

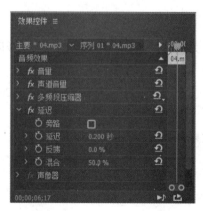

图 7-50　"效果控件"面板

图 7-51　预览效果

【拓展项目——MTV 音频部分的制作】

根据提供的音频素材，制作一部 MTV 的音频部分。

设计提示：利用提供的音频素材，设计制作 MTV 的音频部分。

任务分析：在制作视频之前，首先制作音频部分，好的音频文件可以起到画龙点睛的作用，达到宣传的目的。

创意构思：为了能够用较短时间做出更佳效果，在这里用 Premiere Pro CC 2017 自带的录音功能，利用"效果"面板中"音频效果"和"音频过渡"文件夹中的特效，制作一部 MTV 的音频部分。

参考设计如下：

（1）打开 Premiere Pro CC 2017，弹出"新建项目"界面，输入名称"03"，单击"浏览"按钮，设置位置为"D：\影视后期\项目七"，单击"确定"按钮。

（2）在"项目"面板中单击鼠标右键，弹出"新建序列"对话框，在左侧的列表中展开"DV-PAL"选项，选择"标准 48 kHz"模式，单击"确定"按钮。

（3）选择"文件"→"导入"命令，弹出"导入"对话框，选择"05.mp3"文件，如图 7-52 所示，单击"打开"按钮，导入音频文件。导入后的文件将排列在"项目"面板中，如图 7-53 所示。

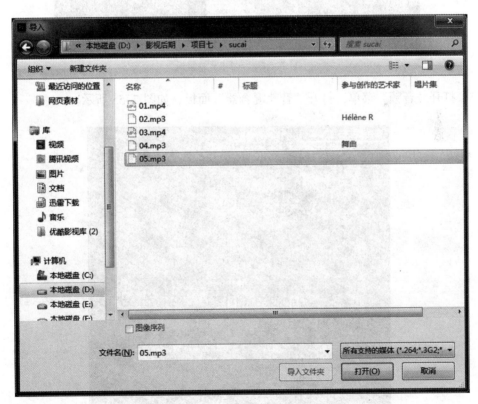

图 7-52 "导入"对话框

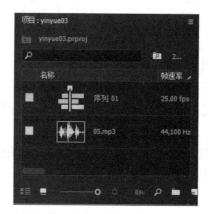

图 7-53 "项目"面板

（4）在"项目"面板中，选择"05.mp3"文件，并将其拖拽到"时间线"面板的视频轨道"V1"中，如图 7-54 所示。

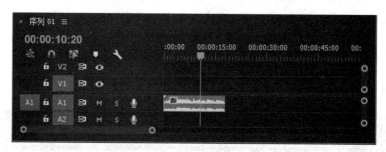

图 7-54 "时间线"面板

（5）打开"音频"菜单，打开"音轨混合器"面板，如图 7-55 所示。

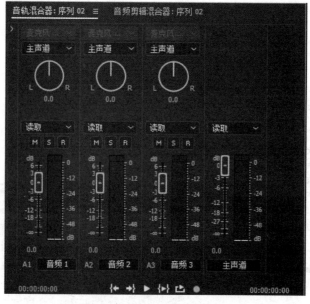

图 7-55 "音轨混合器"面板

（6）按 R 键，激活所选音频轨道的录音，然后单击右下角的红色圆圈按钮（即"录音"按钮），如图 7-56 所示。

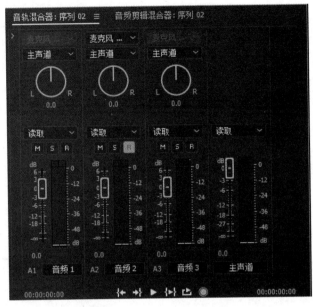

图 7-56　"时间线"面板

（7）此时并没有进行录制，按下面一栏最中间的"播放/停止切换"按钮 ▶ 即可进行录制。

（8）再按一次"播放/停止切换"按钮 ▶，停止录制。

（9）利用"效果"面板中"音频效果"和"音频过渡"文件夹中的特效，自由发挥，制作一部 MTV 的音频部分。

第二阶段 综合篇

本阶段通过对"多味居美食"综合项目的制作，采用"角色扮演法"，将学生分为五人一组，分别扮演导演、策划、摄像、编辑、配音等角色，学生以制作团队的形式分工合作，完成脚本编写、素材采集、编辑合成等任务，训练文稿撰写能力、摄像器材的操作能力，提高使用软件的熟练程度，培养团队协作精神。

项目八

多味居美食——综合项目

项目目标

1. 知识目标

（1）了解文稿、分镜头脚本的作用和撰写格式；

（2）能够使用摄像机、照相机采集素材；

（3）掌握编辑制作、添加字幕、处理音频素材的方法；

（4）能够根据要求输出影片。

2. 技能目标

（1）掌握影视节目制作的全部流程；

（2）能够根据要求制作出富有个性的影视作品。

（3）能够根据客户需求撰写文稿和分镜头脚本。

- Premiere Pro CC 2017 可输出的文件格式；
- 影片项目的预演；
- 输出参数的设置；
- 渲染输出不同格式的文件；
- 文稿、分镜头脚本的作用和撰写格式。

8.1 Premiere Pro CC 2017 可输出的文件格式

　　选择"文件"→"导出"→"媒体"选项，或者按"Ctrl+M"组合键，打开"导出设置"对话框，如图 8-2 所示。

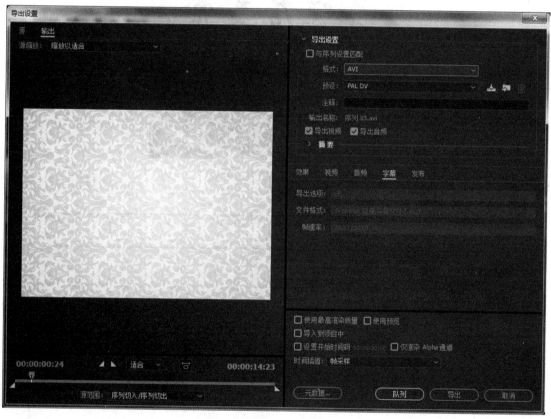

图 8-2 "导出设置"对话框

"导出设置"区域的"格式"下拉列表中可选择的视频格式如图8-3所示。

视频格式：AVI、H.264、动画GIF、QuickTime等。

音频格式：AAC音频、AIFF、WAV、MPEG2、MP3等。

图像格式：BMP、JPEG、PNG等，分为静态图像格式和序列图像格式两种。

8.2 影片项目的预演

（1）实时预演：实时预演也称为实时预览，即平时所说的预览。方法如下：

①影片编辑制作完成后，在"时间线"面板中将时间标记移动到需要预演的片段开始位置，如图8-4所示。

②在"节目"面板中单击"播放"按钮，系统开始播放节目，在"节目"面板中预览节目的最终效果，如图8-5所示。

（2）生成影片预演：与实时预演不同的是，生成影片预演不是使用显卡对画面进行实时渲染，而是计算机CPU对画面进行运算，先生成预演文件，然后播放，因此，生成影片预演取决于计算机CPU的运算能力，生成的预演播放画面是平滑的，不会产生停顿或跳跃，所表现出来的画面效果和渲染输出的效果是完全一致的。

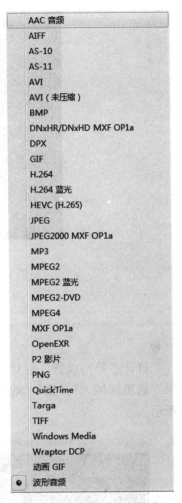

图8-3　可选择的视频格式

图8-4　"时间线"面板

图 8-5 "节目"面板

8.3 输出参数的设置

打开"导出设置"对话框，在"输出名称"选项中设置输出的路径及名称，在"效果"选项区域."视频""效果""音频"等选项区域可以进行输出参数的设置，如图 8-6 所示。

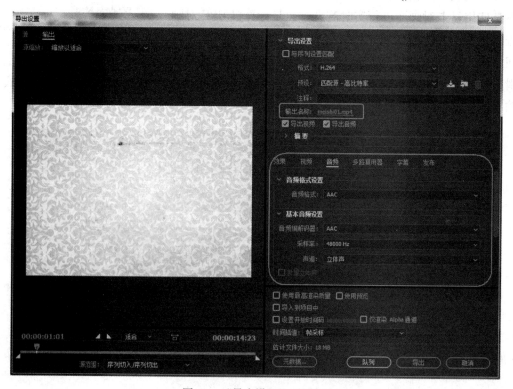

图 8-6 "导出设置"对话框

8.4 渲染输出不同格式的文件

（1）输出整个影片：输出影片是最常用的输出方式，将编辑好的项目文件以视频格式输出，可以输出编辑内容的全部或者某一部分，也可以只输出视频内容或者只输出音频内容，一般将全部视频和音频一起输出。

在"导出设置"选项区域将"格式"设置为"H.264"，单击"输出名称"右面的文件名称，在弹出的对话框中可设置文件的保存路径并输入文件名，设置完成后，单击"导出"按钮，如图 8-7 所示，即可输出".mp4"格式的视频文件。

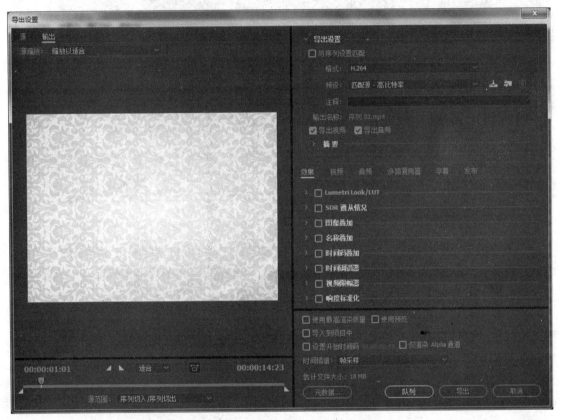

图 8-7 "导出设置"对话框

（2）输出音频文件：Premiere Pro CC 2017 可以将影片中的一段声音或影片中的歌曲制作成音乐光盘等文件。输出音频文件的具体操作步骤如下：

在"导出设置"选项区域将"格式"设置为"波形音频"，单击"输出名称"右面的文件名称，在弹出的对话框中可设置文件的保存路径并输入文件名，设置完成后，单击"导出"按钮，如图 8-8 所示，即可输出".wav"格式的音频文件。

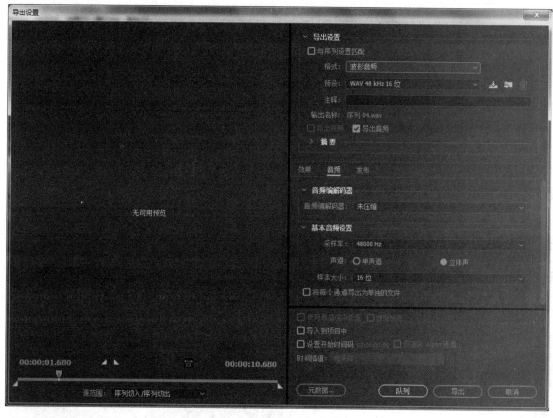

图 8-8 "导出设置"对话框

（3）输出静态图片序列：在 Premiere Pro CC 2017 中，可以将视频输出为静态图片序列，也就是说将视频画面的每一帧都输出为一张静态图片，这一系列图片中每张都有一个自动编号。这些输出的序列图片可用于 3D 软件中的动态贴图，并且可以移动和存储。

在"导出设置"选项区域将"格式"设置为"JPEG"，单击"输出名称"右面的文件名称，在弹出的对话框中可设置文件的保存路径并输入文件名，设置完成后，单击"导出"按钮，如图 8-9 所示，即可输出".jpg"格式的静态图片序列。

（4）输出单帧图像：在视频编辑中，可以将画面的某一帧输出，以便给视频动画制作定格效果。Premiere Pro CC 2017 中输出单帧图像的操作步骤如下：

在"时间线"面板中将时间标记移动到需要输出单帧图像的位置，按"Ctrl+M"组合键，在打开的"导出设置"对话框中，将在"导出设置"选项区域将"格式"设置为"JPEG"，单击"输出名称"右面的文件名称，在弹出的对话框中可设置文件的保存路径并输入文件名，并取消勾选"视频"选项区域"基本设置"→"导出为序列"复选框，设置完成后，单击"导出"按钮，如图 8-10 所示，即可将指定的帧画面按照设置的图像格式保存在指定的文件夹下。

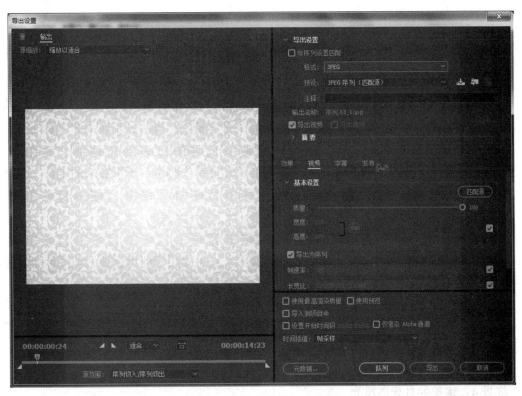

图 8-9　"导出设置"对话框

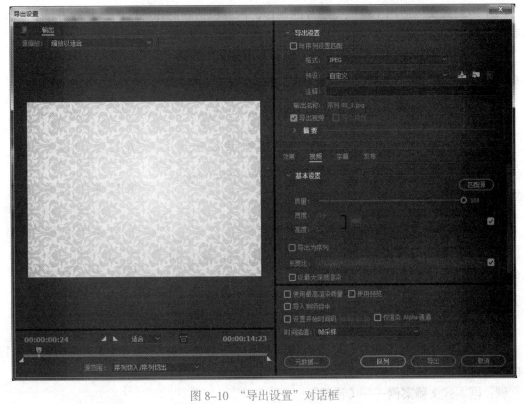

图 8-10　"导出设置"对话框

8.5 文稿、分镜头脚本的作用和撰写格式

文稿是对影片创意和主题的文字描述，是影视作品制作的纲领性文件；分镜头脚本将文稿的内容转换成一系列可摄制的镜头，包括镜头号、景别、摄法、画面内容、对话、音响效果、音乐、镜头长度等项目。文稿和分镜头脚本是前期拍摄的基础和后期制作的依据。在确定作品的主题之后制作影视作品之前，撰写文稿和分镜头脚本是不可或缺的工作。在撰写文稿之前，首先要编写一个提纲以整理思路，设计作品的风格和结构，再进一步整理成文稿形式。

文稿的撰写格式通常有提纲式、声画式、剧本式等。

（1）提纲式文稿从某种意义上来讲不能算文稿，它主要用于列出详细的拍摄计划，并没有具体的实施方案。

例：提纲式文稿案例——《魅力连云港》拍摄计划。

场景1：连云港现代化的城市建筑。

场景2：连云港花果山。

场景3：连云港海滨大道。

场景4：优美的月牙岛风光。

场景5：桃花涧景区。

（2）声画式文稿适用于电视专题片的制作，内容包括画面和解说词，通常用表格的形式将画面与解说词分开写在左、右两边，每一组画面对应一组解说词。

例：声画式文稿案例——《生活》（如表8-1所示）。

表8-1 声画式文稿案例

画面内容	解说词
种子每天享受露水的滋润，一天天发芽，长叶，最终长成参天大树	力量，来自生活的发现
清晨，透过薄薄的晨雾，阳光照射在树梢上，一窝小春鹃叽叽喳喳欢唱不停，它们的父母落在窝边互相梳洗羽毛	惬意，来自生活的依赖
烈日烘烤着大地，男孩刚为大树浇足水，热得满头大汗	奉献，来自生活的信任
男孩在树荫下为小狗洗澡，小狗抖落身上的水，溅到男孩身上，男孩笑着闪躲，这一幕被旁边的父母用相机抓拍下来	快乐，来自生活的累积
男孩抱着刚出生不久的两只小狗，对着镜头笑了	生活，来自爱的延续

（3）剧本式文稿就像剧本一样，但与剧本不同的是，它特别强调视觉造型，包括人物、对白、场景和动作说明等内容。

例：剧本式文稿案例——《错过》。

A 已经为求职奔波了好长一段时间。这天他正在走路，手机响了。

A（低头看了看手机）：“喂，您好！”

B：“您好，是 A 吗？”

（电话的另一头传来一个老成而又儒雅的男士声音）

A：“是的！请问您是……”

B：“我是 ××× 策划有限公司的人事部经理，看到您的简历后，我们感觉您比较适合我们公司的平面设计师岗位。相信在与我们的合作中，双方会取得共同发展，实现双赢！”

【知识拓展】

视频与音频的协调。

【项目实现】

（1）打开 Premiere Pro CC 2017，弹出“新建项目”界面，输入名称“01”，单击“浏览”按钮，设置位置为“D：\ 影视后期 \ 项目八”，单击“确定”按钮。

（2）在“项目”面板中单击鼠标右键，弹出“新建序列”对话框，在左侧的列表中展开“DVCPR050\480i”选项，选择“DVCPR050 NTSC 标准”模式，单击“确定”按钮。

（3）导入素材“diwen1.jpg”“梅菜扣肉 .jpg”“中华美食 .gif”“zhezhao01.psd”“yinyue01.mp3”，如图 8-11 所示。

图 8-11 “导入”对话框

（4）将音乐素材拖拽到音频轨道"A1"中。

①将音乐截短到 15 秒。

②将"音频过渡"文件夹下的"指数淡化"效果拖拽到音乐结尾处，如图 8-12 所示。

（5）将背景图片"diwen01.jpg"拖拽到视频 1 轨道中 0 秒处，设置"剪辑速度 / 持续时间"对话框中的"持续时间"为 15 秒，如图 8-13 所示。将"视频过渡"→"溶解"文件夹下的"交叉溶解"效果拖拽到视频 1 轨道"diwen01.jpg"开始处，如图 8-14 所示。

图 8-12　"效果"面板

图 8-13　"剪辑速度 / 持续时间"对话框

（6）将背景图片"梅菜扣肉 .jpg"拖拽到视频 2 轨道中 1 秒处，设置"剪辑速度 / 持续时间"对话框中"持续时间"为 14 秒。设置"位置"值为 469.0 和 404.0，如图 8-15 所示。将"视频过渡"→"溶解"文件夹下的"交叉溶解"效果拖拽到视频 2 轨道"梅菜扣肉 .jpg"上，如图 8-16 所示。

（7）将"zhexhao01.psd"拖拽到视频 3 轨道中 1 秒处，设置"剪辑速度 / 持续时间"对话框中"持续时间"为 14 秒。设置"位置"值为 326.4 和，23.4，如图 8-17 所示。

图 8-14　"效果"面板

（8）将"视频效果"→"键控"文件夹下的"轨道遮罩键"效果拖拽到视频 2 轨道"梅菜扣肉 .jpg"上，将"遮罩"选项设置为"视频 3"，如图 8-18 所示。

（9）新建标题字幕"多味居美食"，居中输入文字"多味居美食"（字体为"华文行楷"，字号为 100，设置填充颜色为黑色，外侧描边为白色），如图 8-19 和图 8-20 所示。

图 8-15　"效果控件"面板

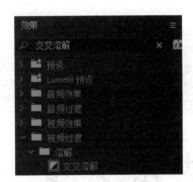

图 8-16　"效果"面板

图 8-17　"效果控件"面板

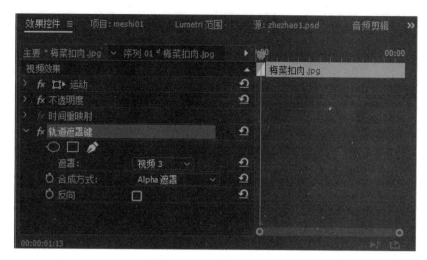

图 8-18　"效果控件"面板

图 8-19　字幕编辑面板

图 8-20　字幕编辑面板

（10）将字幕"多味居美食"拖拽到视频 4 轨道中 3 秒处，设置"剪辑速度 / 持续时间"对话框中的"持续时间"为 12 秒。将"视频效果"→"Obsolete"文件夹下的"快速模糊"效果拖拽到视频 4 轨道字幕"多味居美食"上，如图 8-21 所示。

图 8-21　"效果"面板

（11）为字幕"多味居美食"的"快速模糊"效果设置模糊度关键帧，将3秒处设置为241.0，将4秒处设置为0.0，如图8-22和图8-23所示。

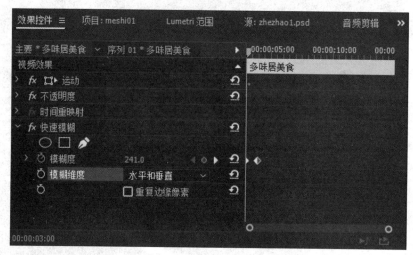

图8-22 "效果控件"面板

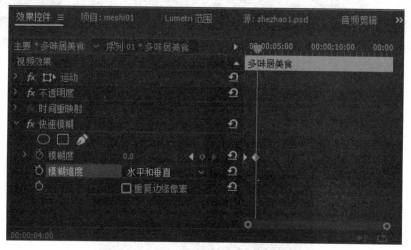

图8-23 "效果控件"面板

（12）新建标题字幕"红方块1"，绘制4个红色方块，如图8-24所示。将其拖拽到视频5轨道中4秒处，设置"剪辑速度/持续时间"对话框中的"持续时间"为11秒。将"视频过渡"→"擦除"文件夹下的"划出"效果拖拽到视频5轨道字幕"红方块1"开始处，如图8-25所示。

（13）新建标题字幕"麻辣鲜香"，输入文字"麻辣鲜香"，如图8-26所示。将其拖拽到视频6轨道中5秒处，设置"剪辑速度/持续时间"对话框中的"持续时间"为10秒。将"视频过渡"→"擦除"文件夹下的"划出"效果拖拽到视频6轨道字幕"麻辣鲜香"开始处。

图 8-24 字幕编辑面板

图 8-25 "划出"效果

（14）新建标题字幕"黑线"，绘制一条黑线，如图 8-27 所示。将其拖拽到视频 7 轨道中 6 秒处，设置"剪辑速度 / 持续时间"对话框中的"持续时间"为 9 秒。将"视频过渡"→"滑动"文件夹下的"推"效果拖拽到视频 7 轨道字幕"黑线"开始处，如图 8-28 所示。

图 8-26　字幕编辑面板

图 8-27　字幕编辑面板

（15）新建标题字幕"经典传统美食"，输入文字"经典传统美食"（字体为"华文行楷"，字号为42，设置填充颜色为黑色，外侧描边为白色），如图8-29所示。将其拖拽到视频8轨道中7秒处，设置"剪辑速度/持续时间"对话框中的"持续时间"为8秒。将"视频效果"→"调整"文件夹下的"光照效果"效果拖拽到视频8轨道字幕"经典传统美食"上，如图8-30所示。为"光照效果"效果设置光照1"中央"关键帧，在7秒处设置为260.340，在8秒处设置为580.340，在9秒处设置为260.340，如图8-31～图8-33所示。

图8-28 "推"特效

（16）将"中华美食.gif"拖拽到视频9轨道中8秒处，设置"剪辑速度/持续时间"对话框中的"持续时间"为6秒。将"视频效果"→"生成"文件夹下的"镜头光晕"效果拖拽到视频9轨道"中华美食.gif"上，如图8-34所示。为"镜头光晕"效果设置光晕亮度为140%，并设置"光晕中心"关键帧，在9秒处设置为-45.-22，在10秒处设置为200.185，在11秒处设置为-45.-22，如图8-35～图8-37所示。按住鼠标左键，将3个关键帧全部选中，按"Ctrl+C"组合键复制关键帧，移动到12秒处，按"Ctrl+V"组合键粘贴关键帧，如图8-38所示。

图8-29 字幕编辑面板

图 8-30 "光照效果"效果

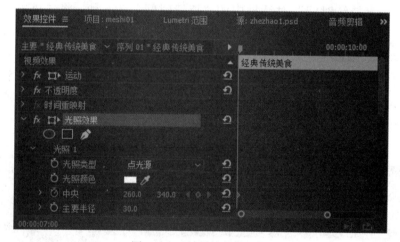

图 8-31 "效果控件"面板

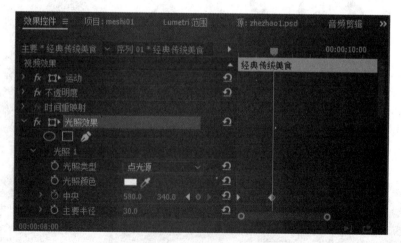

图 8-32 "效果控件"面板

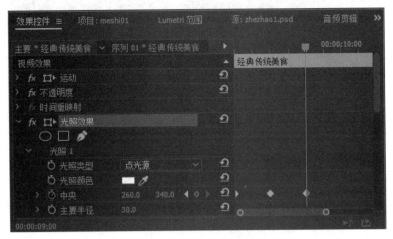

图 8-33 "效果控件"面板

图 8-34 "镜头光晕"效果

图 8-35 "效果控件"面板

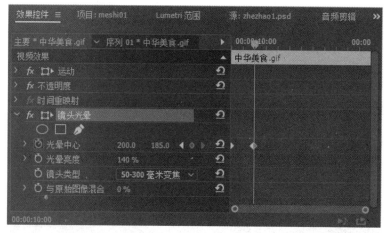

图 8-36 "效果控件"面板

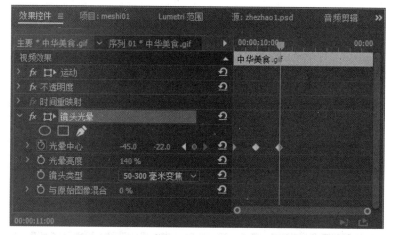

图 8-37 "效果控件"面板

图 8-38 "效果控件"面板

（17）按"Ctrl+M"组键，打开"导出设置"对话框，进行设置，最终生成".mp3"格式文件，如图 8-39 所示。

图 8-39 "导出设置"对话框

【课后习题】

1. 尝试绘制其他可以替代红色方块的装饰图形。
2. 如何设置文字模糊特效？
3. 如何同时复制、粘贴多个关键帧？
4. 在场景中如何打开和关闭安全框？

【巩固项目——"多味居美食菜谱"的制作】

根据所给素材独立完成"多味居美食菜谱"的制作，效果如图 8-40 所示。

参考设计步骤如下：

（1）导入所有素材。

（2）导入素材"diwen1.jpg""烤鱼 .jpg""tu1.psd""tu2.psd""yinyue01.mp3"到库中。

（3）将音乐素材，选择拖拽到音频轨道"A1"中。在 15 秒处使用"剃刀工具"截断，选中 15 秒之前的音乐素材，单击鼠标右键"波纹删除"选项。将"音频过渡"→"指数淡化"

效果拖拽到音乐开始处和结尾处。

（4）将背景图片"diwen01.jpg"拖拽到视频 1 轨道中 0 秒处，设置"剪辑速度 / 持续时间"对话框中的"持续时间"为 27 秒。将"视频过渡"→"溶解"文件夹下的"交叉溶解"效果拖拽到视频 1 轨道"diwen01.jpg"开始处和结尾处。

（5）新建静态字幕"菜谱"，如图 8-41 所示。单击鼠标右键，选择"插入"→"插入图形"命令，选择"tu1.psd"文件导入，设置"垂直居中"和"水平居中"，使其居中对齐，如图 8-42 所示。

图 8-40 "多味居美食菜谱"效果

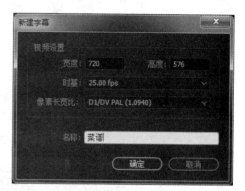

图 8-41 "新建字幕"对话框

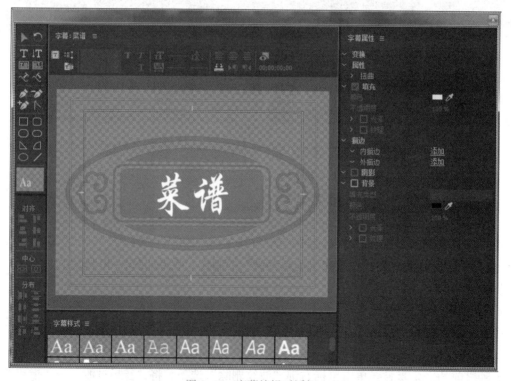

图 8-42 字幕编辑对话框

（6）将"tu1.psd"拖拽到视频 2 轨道中 0 秒处，设置"剪辑速度 / 持续时间"对话框中的"持续时间"为 5 秒。将"视频效果"→"生成"文件夹下的"镜头光晕"效果拖拽到视频 1 轨道"菜谱 .psd"上。在 0 秒和 1 秒处为其设置缩放关键帧动画，在 0 秒处缩放值为 300，如图 8-43 所示，在 1 秒处缩放值为 100，如图 8-44 所示。

图 8-43　"效果控件"面板

图 8-44　"效果控件"面板

为"镜头光晕"效果设置"镜头类型"为"105 毫米定焦"，并为"光晕中心"设置关键帧，在 1 秒处设置为 -8.9.90.6，在 2 秒处设置为 764.3.524.3，如图 8-45 和图 8-46 所示。按住鼠标左键，将两个关键帧全部选中，按"Ctrl+C"组合键复制关键帧，移动到 3 秒处，按"Ctrl+V"组合键粘贴关键帧，在 3 秒处设置为 -8.9.90.6，在 4 秒处设置为 764.3.524.3，如图 8-47 和图 8-48 所示。

（7）制作字幕"红色的长条"，如图 8-49 所示。将其拖拽到视频 3 轨道 5 秒处，设置"剪辑速度 / 持续时间"对话框中"持续时间"为 5 秒。

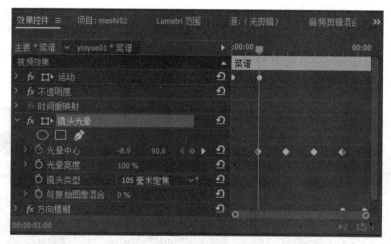

图 8-45 "效果控件"面板

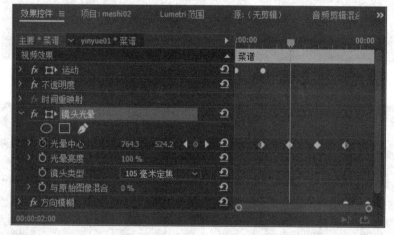

图 8-46 "效果控件"面板

图 8-47 "效果控件"面板

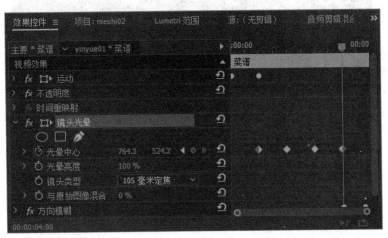

图 8-48 "效果控件"面板

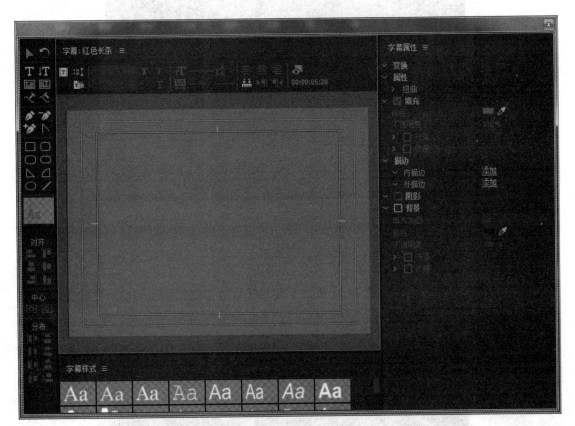

图 8-49 字幕编辑面板

为字幕添加"旋转"效果,将"旋转扭曲半径"设置为100,并为"角度"和"旋转扭曲中心"设置关键帧,在5秒处"角度"值为0°,"旋转扭曲中心"值为0.0 288.0,在9秒24帧处"角度"值为6×0.0°,"旋转扭曲中心"值为0.0 288.0,如图8-50和图8-51所示。

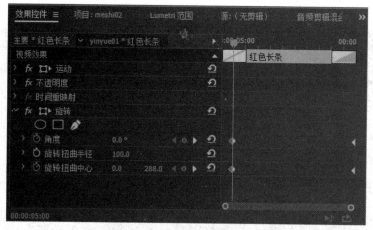

图 8-50 "效果控件"面板

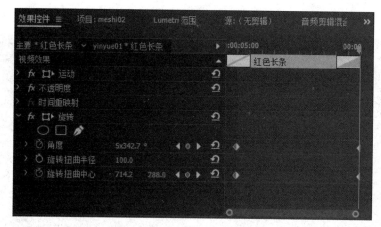

图 8-51 "效果控件"面板

为其前、后添加"交叉溶解"视频转场特效。

（8）将"tu2.psd"拖拽到视频 3 轨道中 10 秒处，设置"剪辑速度 / 持续时间"对话框中"持续时间"为 7 秒。在 10 秒和 11 秒处为其设置缩放关键帧和旋转动画，如图 8-52 和图 8-53 所示。

图 8-52 "效果控件"面板

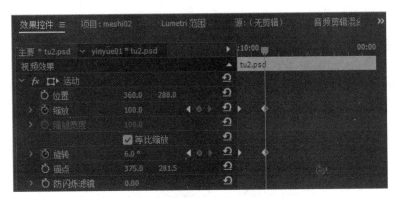

图 8-53　"效果控件"面板

（9）制作字幕"周一"，绘制两个红色矩形拼合在一块，输入黄色文字"周一"，将所有字幕图形和文字均设置为旋转 6°，如图 8-54 所示。

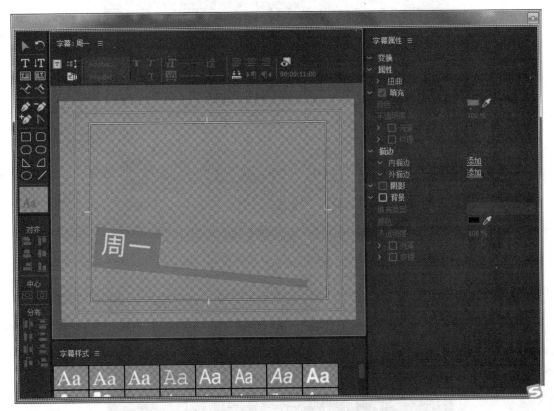

图 8-54　字幕编辑面板

将其拖拽到视频 4 轨道中 11 秒处，设置"剪辑速度 / 持续时间"对话框中"持续时间"为 6 秒。在 11 秒和 12 秒处为其设置关键帧和移动动画，如图 8-55 和图 8-56 所示。

（10）将"烤鱼 .psd"拖拽到视频 5 轨道中 12 秒处，设置"剪辑速度 / 持续时间"对话框中"持续时间"为 5 秒。在 12 秒和 13 秒处为其设置缩放关键帧和旋转动画，如图 8-57 和图 8-58 所示。

图 8-55 "效果控件"面板

图 8-56 "效果控件"面板

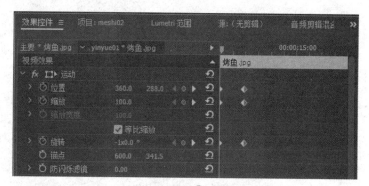

图 8-57 "效果控件"面板

图 8-58 "效果控件"面板

（11）制作字幕"麻辣烤鱼"，输入黑色文字"麻辣烤鱼"和"50元"，将所有文字的字体均设置为"华文琥珀"，旋转6°，大小分别为50和40，如图8-59所示。

图8-59 字幕编辑面板

将其拖拽到视频6轨道中32秒处，设置"剪辑速度/持续时间"对话框中"持续时间"为4秒，为其添加"交叉缩放"效果，如图8-60所示。

图8-60 "效果"面板

（12）"多味居美食菜谱"剩余部分的制作由学生自由发挥制作。

【拓展项目——《我的一天》的制作】

自己收集、组织素材，完成影片《我的一天》。

制作要求如下：

（1）小组成员进行分工合作，讨论制作方案。

（2）撰写文稿，根据文稿编写分镜头脚本。

（3）根据分镜头脚本采集照片和视频素材。

（4）在 Photoshop 中根据需要对图片进行处理。

（5）使用调音台录制解说词并进行声音特效的制作。

（6）根据分镜头脚本对所有素材进行编辑合成。

（7）为视频素材添加特效，进行美化处理。

（8）制作片头和字幕特效。

（9）选择合适的背景音乐，与解说词、视频部分进行合成。

（10）补拍镜头，根据具体情况进行修改。

（11）在"节目"面板中预览影片，观察解说词、视频画面及背景音乐的同步性。

（12）预览满意后输出 DVD 格式的影片。

第三阶段　实战篇

　　本阶段进行实战演练，先以实战项目（《美丽校园》宣传片）为例，模拟实际项目任务的工作情景，让学生体验与真实项目任务完全一致的实施过程。"《美丽校园》宣传片"这个项目紧贴学生生活实际，本阶段以此为例，让学生在教师的指导下，与客户洽谈项目，了解客户需求，确定工作任务，制订工作计划，完成作品的制作，保证客户满意，在模拟实战中体验真实的工作氛围，培养爱岗敬业的情感态度，端正价值观，提高社会能力，获得实际工作经验，实现"毕业、就业零距离"。

项目九

《美丽校园》宣传片——实战模拟项目

项目目标

1. 知识目标

（1）了解客户需求，确定工作任务，制定工作计划；

（2）进行素材采集，对素材进行加工处理；

（3）使用编辑软件进行编辑合成；

（4）输出令客户满意的影视作品。

2. 技能目标

（1）具备与客户交流洽谈的能力；

（2）能够根据客户需求撰写文稿和分镜头脚本；

（3）能够熟练使用摄影器材；

（4）能够使用编辑软件制作影视作品；

（5）能够与团队其他成员团结协作，共同完成任务。

1. 制作要求

（1）小组成员分工合作，讨论制作方案。

（2）撰写文稿，根据文稿编写分镜头脚本。

（3）根据分镜头脚本采集照片和视频素材。

（4）在 Photoshop 中根据需要对图片进行处理。

（5）使用调音台录制解说词并进行声音特效的制作。

（6）根据分镜头脚本要求对所有素材进行编辑合成。

（7）为视频素材添加特效，进行美化处理。

（8）制作片头和字幕特效。

（9）选择合适的背景音乐，与解说词、视频部分进行合成。

（10）补拍镜头，根据具体情况进行修改。

（11）在"节目"面板中预览影片，观察解说词、视频画面及背景音乐的同步性。

（12）预览满意后输出 DVD 格式的影片。

2. 任务分析

《美丽校园》宣传片主要体现校园的美丽与和谐。根据这一主题，在撰写文稿的时候，着重对校园的风光、良好的学习和生活环境进行介绍，对校园中的标志性建筑要重点描述，让观众有一种身临其境的感觉。

3. 任务准备

了解学校的历史和现状，通过实地考察了解校园建筑布局，对于校园中的标志性建筑进行生动描述，通过校园环境、学习环境和生活环境等方面展现校园的美丽。

1）柳树成荫

采用固定镜头的拍摄方式；拍摄景别采用全景，以便充分展现柳树林在风中摇曳的美丽景象；拍摄人物的侧面，将人物放在黄金分割线上，在人物视线方向留出足够的空间，使画面构图均衡合理，整体效果和谐、融洽。

2）湖水

拍摄素材时采用室外逆光的拍摄方式，由于湖面的反光和波纹，湖面产生波光粼粼的效果；景别采用近景，清晰地展现湖面的波纹和反光；摄像机与水平线呈 45°夹角进行俯拍，采用固定画面拍摄 8 秒。

3）藏书室

这段素材采用移镜头的仰拍方式，具有强烈的透视感，充分展现藏书室中丰富多样的图书，室内灯光作为主光，照亮被摄主体；房间窗户透过来的光线作为辅助光，抵消主光产生的部分阴影，使画面层次分明；拍摄景别采用中景，拍摄 6 秒的移动画面。

4）学校广场

拍摄学生在学校广场整齐排列，展开双臂仰望天空，表达拥抱希望.积极向上的意境。这段素材在拍摄时景别采用中景→远景，通过拉镜头、仰拍的方式，展现场景的宏大。在拍摄过程中可多拍几组镜头，以备编辑时选择使用。

4. 任务实现

（1）小组讨论，分析制作要点。

（2）新建项目。打开 Premiere Pro CC 2017，弹出"新建项目"界面，输入名称"01"，单击"浏览"按钮，设置位置为"D:\影视后期\项目九"，单击"确定"按钮。

（3）在"项目"面板中单击鼠标右键，弹出"新建序列"对话框，在左侧的列表中展开"DV-PAL"选项，选择"标准 48 kHz"模式。单击"设置"选项卡，在"编辑模式"下拉列表中选择"DV PAL"制式，将"场"设置为"高场优先"，如图 9-1 所示，单击"确定"按钮。

（4）利用调音台配音。在"窗口"菜单中选择"音轨混合器"选项（或者打开"音频"菜单，选择"音轨混合器"选项），在"音轨混合器"面板中单击音频 1 轨道的"R"键，

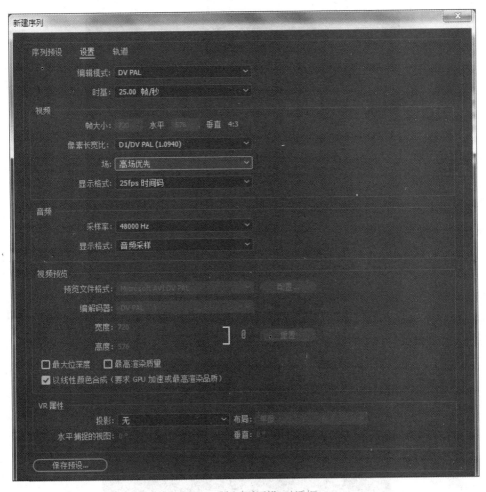

图 9-1　"新建序列"对话框

激活所选音频轨道的录音。然后单击右下角的红色圆圈按钮即"录音"按钮。此时并没有进行录制，应该再按下面一栏最中间的"播放 / 停止切换"按钮 ▶ 即可进行录制。录制完毕后，再按一次"播放 / 停止切换"按钮 ▶，停止录制，此时在音频轨道 1 上会出现一段音频素材，如图 9-2 所示。

（5）利用 Premiere Pro CC 2017 的编辑功能对音频进行裁剪和编辑。

（6）导入素材。可以根据编辑过程中的实际需求新建并命名容器，对素材进行管理。新建"素材箱"，分别重命名为"字幕""序列""图片""音频"，将不同类型的素材分别导入和移动到不同的文件夹中，如图 9-3 所示。

（7）排列素材。根据配音和分镜头脚本的要求，利用三点或四点编辑方法，将素材排列在时间线上，使素材画面内容与声音内容匹配。对于不适合的素材，需要进行补拍。补拍素材后，将原来的素材替换。

（8）调整素材。对曝光不正确或偏色的素材进行校色，使整个影片的色调统一、协调。同时，对稍倾斜的素材可使用"运动"面板中的命令进行修正。例如：为教学楼校色和修正前、后对比效果和"效果控件"面板如图 9-4 所示。

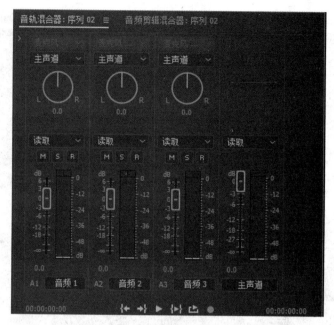

图 9-2 "音轨混合器"面板

图 9-3 "项目"面板

图 9-4 "效果控件"面板、"源"面板和"节目"面板

（9）制作片头（建议自己进行创意并完成）。

例如：利用字幕制作片头，将制作完成的字幕拖拽到时间线上，持续 10 秒，并为其添加"视频过渡"→"渐变擦除"效果实现擦除，如图 9-5 所示。也可以制作画轴素材，拖拽到时间线上，制作画轴展开的效果。为片头添加清脆的鸟鸣声等特效音乐，可使整个片头更具诗情画意。

（10）添加转场特效。在各个片段之间添加相应的切换效果，使整个影片的画面过渡更加柔和、协调。

图 9-5　"渐变擦除"特效

例如：添加"黑场过渡"或"叠化"视频转场特效，制作淡出效果。

（11）添加背景音乐。为整个影片添加舒缓的背景音乐。根据配音的间断，适当地提高或降低背景音乐的音量。使背景音乐、配音和画面更加融合。

（12）输出影片。按"Ctrl+M"组合键，或选择菜单栏中的"文件"→"导出"→"媒体"选项，打开"导出设置"窗口。"格式"选择"H.264"，单击输出名称，在弹出的"另存为"对话框中设置文件名为"美丽校园"，选择想要存放输出文件的磁盘，如图 9-6 所示。

图 9-6　"另存为"对话框

（13）单击"导出"按钮，开始渲染输出，如图 9-7 所示。

通过实战模拟项目的制作，使学生掌握大型项目的制作流程；通过文稿的撰写、分镜头脚本的编写、各种素材的采集、影片的编辑加工、特效的制作和影片的预览输出，使学生对前期所学的知识进行系统应用，训练学生的写、采、编的综合技能。项目小组中的每一个成员都有自己的分工，如场记人员要跟随摄影师记录好场次；配音员要熟练配音稿，了解整个影片的风格；编辑人员要根据分镜头脚本和导演的意图进行编辑和加工等。通过分工合作，锻炼学生的交流沟通能力和团队协作能力，提高学生对综合项目的驾驭能力。

图 9-7 "导出设置"对话框

【课后习题】

1. 制作大型综合项目的关键是什么？
2. 如何快速调整时间指示器？

【巩固项目——婚庆影片的制作】

自己收集、组织素材，设计完成婚庆影片的制作。

【拓展项目——希望工程公益宣传片】

自己收集、组织素材，设计完成希望工程公益宣传片的制作。
制作要求如下：
（1）根据所提供的音乐和图片素材，制作以希望工程为主题的公益宣传片。
（2）整个色调应该是暗淡的，可以通过 Photoshop 处理图片的色调，选取合适的图片。
（3）公益宣传片有一定的逻辑顺序，可以先把与困难相关的图片列出来，配合相关的字幕说明，然后再呈现爱心捐助的场面，最后显示公益宣传片的主题或者全部采用与困难有关，而且感人至深的图片，加上相应字幕，最后呼吁社会群体能够献出爱心。
（4）需要有自己的思想和创意，可模仿制作，但不能完全抄袭他人的作品，有些细节可以自己发挥，加上自己的创意。

附　　录

附表 1　综合项目考核评分表

序号	考核内容	考核标准	得分
1	构思创意	构思新颖、创意独特、文笔流畅	20
2	脚本撰写	分镜头脚本中景别安排合理，节奏紧凑	20
3	编辑技巧	熟练使用编辑软件，按照脚本要求对素材进行编辑加工	25
4	后期合成	根据影片内容配音、配乐、添加字幕	10
5	作品输出	按照要求输出格式正确的文件	10
6	团队合作	小组成员团结互助，各司其职	15
合计			100

附表 2　实战模拟项目考核评分表

序号	考核内容	考核标准	得分
1	接洽客户	善于和客户交流，领会客户意图	20
2	构思创意	构思新颖、创意独特、文笔流畅	15
3	脚本撰写	分镜头脚本中景别安排合理，节奏紧凑	10
4	编辑技巧	熟练使用编辑软件，按照脚本要求对素材进行编辑加工	10
5	后期合成	根据影片内容配者、配乐、添加字幕	5
6	作品输出	按照要求输出格式正确的文件	5
7	交付作品	根据客户要求对作品反复修改，直至客户满意	25
8	团队合作	小组成员团结互助，各司其职	10
合计			100